实用公务汉语

Practical Chinese for Official Functions

主　编　姜春力
编　著　胡　鸿

Chief Compiler: Jiang Chunli
Executive Compiler: Hu Hong

华语教学出版社
SINOLINGUA

First Edition 2009

ISBN 978-7-80200-407-8

Published by Sinolingua

24 Baiwanzhuang Road, Beijing 100037, China

Tel: (86) 10-68320585

Fax: (86) 10-68326333

http://www.sinolingua.com.cn

E-mail: fxb@sinolingua.com.cn

Printed by Beijing Foreign Languages Printing House

Distributed by China International Book Trading Corporation

35 Chegongzhuang Xilu, P.O. Box 399

Beijing 100044, China

Printed in the People's Republic of China

前　言

一、教材适用对象

《实用公务汉语》通过一个叫做“爱都”(EDU)的国际组织在中国的办公活动，让学习者了解和学习在中国进行公务活动的知识和技巧。本教材适合具有中级汉语水平，从事公务工作，包括使馆、商社、联合国等国际组织驻华办事处的外籍工作人员学习使用。

二、教材内容

“爱都”是一个虚拟的国际教育组织，它的宗旨是帮助第三世界国家发展教育、开展扶贫活动。

三、主要人物

杜乐：该组织驻中国代表。为人乐观，幽默，处事老练。

简尼：杜乐的妻子，“爱都”组织的行政主管。

杰克：“爱都”的项目官。

林小姐：“爱都”的中文秘书，英文翻译。

教程共10课，26个场景。以“爱都”项目官杰克在中国的工作经历为主线，通过几次大型活动，诸如举办世界教育展、为残疾人教育募捐等活动的开展，学习常用的公务汉语词汇、句型、常识、技巧等。每课内容包括课文、生词、文化背景介绍、练习和阅读材料五部分，同时还配有拼音和英文翻译。为使语言更具有现场感和实用性，本教材设计了比较典型的公务办公场景，采用对话体形式，让人物带着明确的“任务”和“目的”展开交际，使学习者能够身临其境地学习相关内容。

Preface

1. Target reader

Practical Chinese for Official Functions, through the official activities of an international organization in China named Edu, helps learners understand and learn the knowledge and skills needed for official business in China. This course is designed for expatriates at intermediate Chinese level who are engaged in official business in embassies, companies, UN agencies and missions of international organizations in China.

2. Content

Edu is a fictitious international education organization aimed at helping the third world countries with their education.

3. Main characters

Dule: Chief Representative of Edu in China. He is optimistic, humorous and diplomatic.

Jenny: Dule's wife, Chief Administrator of Edu.

Jack: Project Officer of Edu.

Miss Lin: Secretary and interpreter of Edu.

There are altogether 26 acts in the ten episodes throughout the whole book, which uses Jack's working experience in China as a clue, and teaches learners vocabulary, sentence patterns, knowledge and skills needed for official functions through the description of several grand events including World Education Exhibition, fund raising for the education of the disabled. Each episode contains five parts, namely, text, new words, background information, exercises and reading materials. Chinese Pinyin and English translation are also included. To make the language vivid and practical, typical scenes of official business are designed in the form of dialogues. As a result, the characters can communicate with each other with clearly defined tasks and objectives, and the learners can learn as if they were present on the scene.

目 录

第一课　来到中国

一、课文 Text

（一）安排接机

[爱都办公室]

林小姐： 杜乐先生，您找我？

杜　乐： 对。我这儿有几份中文材料，是关于中国大学如何帮助贫困生的情况介绍，请你在星期五之前把它翻译出来，给我一份电子文本，同时打印两份，还要传真一份给洛桑总部。

林小姐： 好。顺便提醒一下，您十点半有个会。

杜　乐： 谢谢。十点一刻请再提醒我一次。

林小姐： 那您还能去机场接杰克吗？

杜　乐： 我去不了了。你代我向杰克表示欢迎吧。对了，杰克打电话来说他的飞机要晚点，请你给机场打个电话确认一下。

林小姐： 好的。

[林小姐给机场问讯处打电话]

林小姐： 喂，您好，机场问讯处吗？

请问从法兰克福飞往北京的320航班几点到北京？

晚点？请问晚点多长时间？

几点到？

谢谢。再见。

[拨电话] 喂，你好，是老赵吗？

你现在在哪儿？

我们十一点半出发，去机场接杰克。请你赶回来。好，没别的事情了，再见。

（二）机场接人

[国际机场出口处，爱都项目官杰克走向一位高举着“爱都”字样牌子的小姐]

杰　克： 您好，您是爱都的林小姐吗？

林小姐： 您就是乐佩斯先生吧，您好，我是林达。一路上辛苦了。

杰　克： 还好。对不起，飞机晚点了。起飞的时候机场有大雾，耽搁了一个多小时，我已经给杜乐先生打电话了，他也告诉你们了吧？

林小姐： 告诉了。不过，我们考虑到您是第一次来中国，还是早到了一会儿。杜乐先生有一个会议，不能亲自来接您，他要我代表他表示欢迎。

杰　克： 谢谢。这位是？

林小姐： 啊，对不起，我来介绍一下，这是我们的司机老赵。

杰　克： 老赵？啊，您好，老赵。

老　赵： 您好。欢迎您。一路上辛苦了。

杰　克： 还好，还好。

林小姐： 老赵不仅是我们的专职司机，还是我们的后勤部长呢，爱都有什么采购、订票、跟银行、税务局打交道的事情，都由他负责处理。

杰　克：是吗，那以后免不了辛苦您了。

老　赵：哪里的话，有什么事您尽管吩咐就是了。

杰　克：好。我建议，从现在开始，我们之间不用“您”字，好不好？你们都叫我杰克吧。

林小姐：同意。杰克，你清点一下你的行李是不是都在这儿。

杰　克：是的，一共5只箱子。

老　赵：我来提吧。

杰　克：谢谢！这只蓝色的皮箱最重要。

林小姐：哇，这么大一只皮箱，里面装的是什么宝贝呀，杰克？

杰　克：哦，这只箱子可重要了。这里面是我学习汉语的材料，还有很多介绍中国文化的书。

林小姐：你一定是个好学生。看你的中文说得这么好，一定下了不少工夫吧。

杰　克：可不是！在我看来，中文比英文难多了。英文我不用上学就会了，可是，中文我拜了好几个老师，还是没学好。

老　赵：你真幽默。

（三）叫他老赵

[三人走出机场大厅]

杰　克：我们的车在哪儿？

老　赵：你们在这儿等着，我去把车开来。

[老赵跑开]

杰　克：林小姐，这位赵先生多大年纪？看起来不大呀，怎么你称呼他老赵呢？

林小姐：叫他老赵，是对他的尊重。其实，我们一般叫他赵师傅，他嫌“师傅”这个词儿不合适，不敢做大家的师傅，就让我们叫“老赵”。

[老赵车到]

老　赵：久等久等。

林小姐：哪里！我们上车吧。

老　赵：今天我慢慢儿开，让第一次来北京的杰克好好儿地看看既传统又现代的北京。

杰　克：谢谢。我真得好好儿地看看。你们做我的导游吧。

林小姐：没问题，来爱都之前，我曾经当过导游呢。

杰　克：当导游一定很有意思吧？

林小姐：当然，可以免费游览中国各地的名胜古迹，而且收入也比较高。

杰　克：是吗？那你为什么要换工作呢？

林小姐：我觉得爱都的工作很有意义。

杰　克：爱都在中国的工作开展得还顺利吗？

林小姐：比较顺利。中国政府很支持爱都的工作。我们跟政府部门合作得很好，和各地政府也建立了非常密切的联系。

杰　克：那就好。

(一) Ānpái Jiējī

[Àidū bàngōngshì]

Lín xiǎojiě: Dùlè xiānsheng, nín zhǎo wǒ?

Dùlè: Duì. Wǒ zhèr yǒu jǐ fèn Zhōngwén cáiliào, shì guānyú Zhōngguó dàxué rúhé bāngzhù pínkùnshēng de qíngkuàng jièshào, qǐng nǐ zài Xīngqīwǔ zhīqián bǎ tā fānyì chūlái, gěi wǒ yí fèn diànzǐ wénběn, tóngshí dǎyìn liǎng fèn, hái yào chuánzhēn yí fèn gěi Luòsāng zǒngbù.

Lín xiǎojiě: Hǎo. Shùnbiàn tíxǐng yíxià, nín shí diǎn bàn yǒu ge huì.

Dùlè: Xièxie. Shí diǎn yíkè qǐng zài tíxǐng wǒ yícì.

Lín xiǎojiě: Nà nín hái néng qù jīchǎng jiē Jiékè ma?

Dùlè: Wǒ qù bù liǎo le. Nǐ dài wǒ xiàng Jiékè biǎoshì huānyíng ba. Duì le, Jiékè dǎ diànhuà lái shuō tā de fēijī yào wǎndiǎn, qǐng nǐ gěi jīchǎng dǎ ge diànhuà quèrèn yíxià.

Lín xiǎojiě: Hǎo de.

[Lín xiǎojiě gěi jīchǎng wènxùnchù dǎ diànhuà]

Lín xiǎojiě: Wèi, nín hǎo, jīchǎng wènxùnchù ma?

Qǐngwèn cóng Fǎlánkèfú fēiwǎng Běijīng de sān'èrlíng hángbān jǐ diǎn dào Běijīng?

Wǎndiǎn? Qǐngwèn wǎndiǎn duō cháng shíjiān?

Jǐ diǎn dào?

Xièxie. Zàijiàn.

[Bō diànhuà] Wèi, nǐ hǎo, shì Lǎo Zhào ma?
Nǐ xiànzài zài nǎr?
Wǒmen shíyī diǎn bàn chūfā, qù jīchǎng jiē Jiékè. Qǐng nǐ gǎn huílái. Hǎo, méi bié de shìqing le, zàijiàn.

(二) Jīchǎng Jiērén

[Guójì jīchǎng chūkǒuchù, Àidū xiàngmùguān Jiékè zǒu xiàng yí wèi gāo jǔ zhe "Àidū" zìyàng páizi de xiǎojiě]

Jiékè: Nín hǎo, nín shì Àidū de Lín xiǎojiě ma?

Lín xiǎojiě: Nín jiùshì Lèpèisī xiānsheng ba, nín hǎo, wǒ shì Lín Dá. Yí lù shang xīnkǔ le.

Jiékè: Hái hǎo. Duìbuqǐ, fēijī wǎndiǎn le. Qǐfēi de shíhou jīchǎng yǒu dàwù, dāngele yí ge duō xiǎoshí, wǒ yǐjīng gěi Dùlè xiānsheng dǎ diànhuà le, tā yě gàosu nǐmen le ba?

Lín xiǎojiě: Gàosu le. Búguò, wǒmēn kǎolǜ dào nín shì dì-yī cì lái Zhōngguó, háishi zǎo dàole yíhuìr. DùLè xiānsheng yǒu yí ge huìyì, bùnéng qīnzì lái jiē nín, tā yào wǒ dàibiǎo tā biǎoshì huānyíng.

Jiékè: Xièxie. Zhè wèi shì?

Lín xiǎojiě: À, duìbuqǐ, wǒ lái jièshào yíxià, zhè shì wǒmen de sījī Lǎo Zhào.

Jiékè: Lǎo Zhào? À, nín hǎo, Lǎo Zhào.

Lǎo Zhào: Nín hǎo. Huānyíng nín. Yí lù shang xīnkǔ le.

Jiékè: Hái hǎo, hái hǎo.

Lín xiǎojiě: Lǎo Zhào bùjǐn shì wǒmen de zhuānzhí sījī, háishi wǒmen de hòuqín bùzhǎng ne, Àidū yǒu shénme cǎigòu, dìngpiào, gēn yínháng, shuìwùjú dǎ jiāodao de shìqing, dōu yóu tā fùzé chǔlǐ.

Jiékè: Shì ma, nà yǐhòu miǎnbuliǎo xīnkǔ nín le.

Lǎo Zhào: Nǎlǐ de huà, yǒu shénme shì nín jǐnguǎn fēnfù jiù shì le.

Jiékè: Hǎo. Wǒ jiànyì, cóng xiànzài kāishǐ, wǒmen zhījiān bú yòng “nín” zì, hǎo bu hǎo? Nǐmen dōu jiào wǒ Jiékè ba.

Lín xiǎojiě: Tóngyì. Jiékè, nǐ qīngdiǎn yíxià nǐ de xíngli shì bú shì dōu zài zhèr.

Jiékè: Shì de，yígòng wǔzhī xiāngzi.

Lǎo Zhào: Wǒ lái tí ba.

Jiékè: Xièxie! Zhè zhī lánsè de píxiāng zuì zhòngyào.

Lín xiǎojiě: Wā, zhème dà yì zhī píxiāng, lǐmiàn zhuāng de shì shénme bǎobèi ya, Jiékè?

Jiékè: Ò, zhè zhī xiāngzi kě zhòngyào le. Zhè lǐmiàn shì wǒ xuéxí Hànyǔ de cáiliào, hái yǒu hěn duō jièshào Zhōngguó wénhuà de shū.

Lín xiǎojiě: Nǐ yídìng shì ge hǎo xuésheng. Kàn nǐ de Zhōngwén shuō de zhème hǎo, yídìng xiàle bù shǎo gōngfu ba.

Jiékè: Kěbúshì. Zài wǒ kànlái, Zhōngwén bǐ Yīngwén nán duō le. Yīngwén wǒ bú yòng shàngxué jiù huì le, kěshì, Zhōngwén wǒ bàile hǎo jǐ ge lǎoshī, háishi méi xué hǎo.

Lǎo Zhào: Nǐ zhēn yōumò.

(三) Jiào Tā Lǎo Zhào

[sān rén zǒuchū jīchǎng dàtīng]

Jiékè: Wǒmen de chē zài nǎr?

Lǎo Zhào: Nǐmen zài zhèr děngzhe, wǒ qù bǎ chē kāilái.

[Lǎo Zhào pǎokāi]

Jiékè: Lín xiǎojiě, zhè wèi Zhào xiānsheng duō dà niánjì? Kàn qǐlái bú dà ya, zěnme nǐ chēnghu tā Lǎo Zhào ne?

Lín xiǎojiě: Jiào tā Lǎo Zhào, shì duì tā de zūnzhòng. Qíshí, wǒmen yìbān jiào tā Zhào shīfu, tā xián "shīfu" zhège cír bù héshì, bù gǎn zuò dàjiā de shīfu, jiù ràng wǒmen jiào "Lǎo Zhào".

[Lǎo Zhào chē dào]

Lǎo Zhào: Jiǔděng jiǔděng.

Lín xiǎojiě: Nǎlǐ. Wǒmen shàng chē ba.

Lǎo Zhào: Jīntiān wǒ mànmānr kāi, ràng dì-yī cì lái Běijīng de Jiékè hǎohāor de kànkan jì chuántǒng yòu xiàndài de Běijīng.

Jiékè: Xièxie. Wǒ zhēn děi hǎohāor de kànkan. Nǐmen zuò wǒ de dǎoyóu ba.

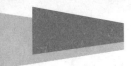

Lín xiǎojiě: Méi wèntí, lái Àidū zhīqián, wǒ céngjīng dāngguo dǎoyóu ne.

Jiékè: Dāng dǎoyóu yídìng hěn yǒu yìsi ba?

Lín xiǎojiě: Dāngrán, kěyǐ miǎnfèi yóulǎn zǔguó de míngshènggǔjì, érqiě shōurù yě bǐjiào gāo.

Jiékè: Shì ma? Nà nǐ wèishénme yào huàn gōngzuò ne?

Lín xiǎojiě: Wǒ juéde Àidū de gōngzuò hěn yǒu yìyì.

Jiékè: Àidū zài Zhōngguó de gōngzuò kāizhǎn de hái shùnlì ma?

Lín xiǎojiě: Bǐjiào shùnlì. Zhōngguó zhèngfǔ hěn zhīchí Àidū de gōngzuò. Wǒmen gēn zhèngfǔ bùmén hézuò de hěn hǎo, hé gèdì zhèngfǔ yě jiànlìle fēicháng mìqiè de liánxì.

Jiékè: Nà jiù hǎo.

二、生词注释 New Words

1 电子文本	diànzǐ wénběn	soft copy
2 打印	dǎyìn	to print

例句：这份文件请用彩色打印机打印。Please print this document using a color printer.

3 总部	zǒngbù	headquarters
4 传真	chuánzhēn	fax; to fax
5 提醒	tíxǐng	to remind
6 晚点	wǎndiǎn	delayed
7 确认	quèrèn	to make sure

例句：请打电话给美国大使馆确认一下，美国国庆招待会是不是7月3日晚上6点开始。Please call the U.S. Embassy to make sure whether their National Day reception starts at 6 p.m. on July the 3rd.

8 问讯处 wènxùnchù inquiry desk

9 航班 hángbān flight

10 耽搁 dānge to delay

例句：我们这几天太忙，去山西平遥度假的事恐怕得耽搁几天了。We are so busy these days that our plan to spend the vacation in Pingyao of Shanxi Province will probably have to be delayed for a few days.

11 亲自 qīnzì personally

例句：如果你是总经理，就没有必要什么事情都亲自去做。If you were the general manager, then there would be no need for you to do everything personally.

12 吩咐 fēnfu to tell, to instruct

例句：局长吩咐，每个人可以参加一次电脑培训。Bureau chief told us that each of us may attend computer training course once.

13 下工夫 xià gōngfu to work (study) hard

例句：像我这么大的年纪，如果想学好一门外语，就得下工夫。People at my age will have to work hard if they want to learn a foreign language well.

14 导游 dǎoyóu tour guide

15 游览 yóulǎn to go sightseeing; to visit

例句：去东南亚出差的时候，一定要顺便游览一下巴厘岛。You should definitely visit Bali on your business trip to Southeast Asia.

16 名胜古迹 míngshèng-gǔjì scenic spots and historical sites

三、背景知识 Background Information

1. 办公室用语 Common office expressions

(1) 请把这个材料传真给纽约总部。Please fax this to New York headquarters.

(2) 把它翻译一下。Please translate this material.

(3) 把它打印三份。Please print three copies.

（4）给维修公司打个电话，打印机要尽快修好。Please call the maintenance company to fix the printer as soon as possible.

（5）请把他的电子邮件地址留下来。Please note down his e-mail address.

▶ 2. 关于称呼 About forms of address

称呼在普通话里不是一个容易的问题。古代汉语，称呼很复杂，主要是因为有太多表示谦虚和敬重的表达方式。现代汉语虽然少了这些方面的要求，但是因为政治原因和社会的变迁，在称呼上也有了几次大的改变。"先生"和"小姐"的称呼曾一度被废止，代之以"同志"，比如可以说"女同志"、"司机同志"、"部长同志"、"解放军同志"等。后来随着改革开放的深入，出现了三个频率极高的词："师傅"、"先生"和"小姐"。"师傅"是称呼蓝领阶层的，"先生"是称呼白领阶层的男性，"小姐"是称呼年轻女性的。现在，最困难的是称呼年纪在四五十岁的女士，用前三个称呼似乎都不合适。因此，有人建议不用称呼，直接用"劳驾"、"请问"开头，引起别人注意即可。

Form of address is not an easy question in Mandarin. As far as the classic Chinese is concerned, form of address is complicated mainly because there exist too many ways to express modesty and respect in the classic Chinese language. Although modern Chinese requires less in these aspects, there have been a couple of major changes in the form of address due to political reasons and social changes. "Mister" and "Miss" were once abolished and replaced by "comrade". For example, we could address people as "female comrade", "comrade driver", "comrade minister", "comradc libcration army soldier", etc. With the deepening of reform and opening up, there appeared three frequently used words, "Master", "Mister" and "Miss". "Master" is for blue-collar people, "Mister" is for white-collar males, and "Miss" is for young ladies. The most difficult thing now is how to address ladies in their forties and fifties since none of the above three is appropriate. Therefore, it's suggested a middle-aged woman can be simply addressed as "Lady". "Excuse me" and "May I ask" can be used to attract other's attention.

▶ 3. 亲自 Personally

按照中国人的习惯，如果某人（特别是有身份有地位的人）自己做某事，表示他对此事的重视，也表示对别人的尊重。因此，我们在报纸上常有这样的说法：局长亲自起草讲话稿；市长亲自栽下一棵树，等等。

According to Chinese customs, the fact that someone (particularly one with some social status) does something himself shows that he attaches importance to it and that he respects others. Therefore, we often come across such versions on newspaper, "the bureau chief drafted the lecture notes personally", "the mayor planted a tree personally", etc.

▶ 4. 礼貌语与敬辞的使用 Expressions of politeness and respect

一些在中国台湾地区学习汉语的学生来到大陆以后，往往发现一些词语，特别是礼貌客套的词语派不上用场。比如"鄙人"、"足下"、"幸会幸会"、"敢问"，等等。现代汉语具有亲切平等的风格，除了"您"、"请问"等少数几个用语以外，旧式的敬辞和谦辞使用不多。在某些场合下，谦辞和敬辞甚至成了调侃的工具。比如，你在非常要好的朋友中偶尔用"鄙人"称呼自己的时候，就像是在开一个玩笑。

When some of the students who are learning Chinese in China's Taiwan come to the Mainland, they usually find out that many expressions, particularly some polite formulas are of little use, such as "bìrén (I, the old way)", "zúxià (respectful form of address between friends)", "xìnghuì xìnghuì (it's a pleasure to meet you, the old way)" and "gǎnwèn (dare to ask)", etc. Modern Chinese (Mandarin) , particularly the spoken language, is of a cordial and equal style. Polite and self-depreciatory expressions are not often used apart from a few words like "nín (you, polite way)" "qǐngwèn (may I ask, polite way)". On some occasions, polite formulas even become tools of ridicule. For example, when you occasionally address yourself as "bìrén" among your close friends, it is somehow you are cracking a joke.

旧式谦辞与敬辞 The old way	普通话 Mandarin
在下 / 不才 / 卑职（干部自称） zàixià / bùcái / bēizhí (self-address of a subordinate)	我 I/me wǒ
足下 / 阁下 zúxià / géxià	您 you (polite way) nín
令慈 / 令堂 lìngcí / lìngtáng	你的母亲（妈妈）your mother nǐ de mǔqin (māma)
令尊 lìngzūn	你的父亲（爸爸）your father nǐ de fùqin (bàba)

令爱 / 令郎 lìng'ài / lìngláng	你的孩子 your child nǐ de háizi
令兄 lìngxiōng	你的哥哥 your elder brother nǐ de gēge
府上 / 贵府 fǔshàng / guìfǔ	你家 your home nǐ jiā
寒舍 / 陋室 hánshè / lòushì	我的家（房子）my house / my home wǒ de jiā (fángzi)
大作 / 宏文 dàzuò / hóngwén	你的文章（作品）your article/ your work nǐ de wénzhāng (zuòpǐn)
敝 / 敝人 bì / bìrén	我的 / 我 my (I) wǒ de / wǒ
贱荆 / 贱内 jiànjīng / jiànnèi	我的夫人 my wife wǒ de fūrén

▶ 5. 称呼“老”、“小”　Addressing “old” and “young”

中文里，“老”有时表示尊重。例如：老先生，老太太，老刘，老领导，老班长，老朋友，等等，这样称呼并不是说别人老了。就像中文里还有很多用“小”称呼别人的说法一样，比如：小张，小朋友，小姐，小妹妹，小伙子，等等，这样称呼有亲切的意味。

In Chinese, “lǎo (old)” sometimes signifies respect. For example, people are addressed as “lǎo xiānsheng (old Mister)”, “lǎo tàitai (old lady)”, “Lǎo Liú”, “lǎo lǐngdǎo (old leader)”, “lǎo bānzhǎng (old squad leader)”, “lǎo péngyǒu (old friend)”, etc. To address people as such doesn't mean they are old. Likewise, the word “xiǎo (little)” is used widely in Chinese to address others. For example, we have “Xiǎo Zhāng”, “xiǎo péngyou (little friend)”, “xiǎojiě (Miss)”, “xiǎo mèimei (little sister)”, “xiǎo huǒzi (lad)”, etc. which convey a sense of cordiality.

▶ 6. 见面时的常用句式　The common sentence patterns of greeting

（1）约定见面时比别人晚到 (common expressions of arriving late for appointment):

对不起，让您久等了。Sorry for having kept you waiting!

对不起，您一定等得不耐烦了吧？Sorry for having kept you waiting for such a long time!

久等，久等。Sorry, you must have waited for a long time.

（2）在机场、车站接客人 (Meeting someone at the airport and station)：

路上辛苦了。Did you have a good trip?

路上还算顺利吧？How was your trip?

（3）在家门口迎接别人 (Meeting someone at the door of one's house)：

对不起，我太忙了，没有到车站去接你。Sorry, I was too busy to meet you at the station.

欢迎欢迎，快请进。Welcome, please come in.

四、练习 Exercises

（一）词语练习 Word Practice

1 划线连接对应的词语 Match the words with the pictures

（1）

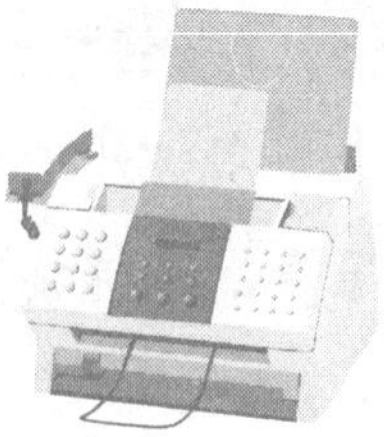
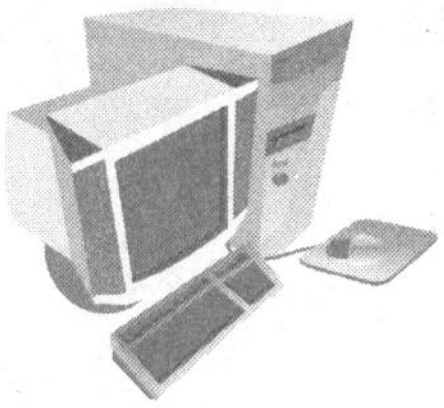

词语：电话机　　传真机　　计算机（电脑）

（2）

词语：师傅　　先生　　小姐

2 划线连接近义词 Match the synonyms

鄙人	您（高级官员）
阁下	我
令慈	您的文章
府上	您的母亲
寒舍	我家
大作	您家

（二）选择练习 Make Choices

1 根据语境选择合适的句子

Match each occasion with the proper expression

去机场接人，客人刚走出海关。	对不起，我没能去机场接你。
客人在火车站等了一会儿。	辛苦了，路上顺利吧。
你因为有事，只能在办公室迎候客人。	让你久等了。

2 完成对话 Complete the dialogues

（1）杰克，一路上辛苦了。

________________。（A 马马虎虎 B 哪里哪里 C 还好）

（2）看来中文并不是很难学。

（表示同意）________________，（A 啊，对了！ B 是吗？ C 可不是）马克才学了两个月就会用汉语打电话了。

（表示不同意）________________，（A 啊，对了！ B 是吗？ C 可不是）马克才学了两个月就会用汉语打电话了？

（3）你是问我为什么要来北京啊？我觉得北京的现代化程度很高，生活舒服一些，（表示同意）________________（A 当然 B 不过 C 所以），在北京挣钱也多一些。

（三）判断练习 True or False

1. 叫人“老朋友”是因为朋友上了年纪。 ☐

2. 可以称呼50岁以上姓张的人为“老张”。 □
3. “小朋友”是对小孩子的称呼，这个小孩子是你的朋友。 □
4. 50岁以上姓李的人不可能被人称为“小李”的。 □

（四）将“自然”一词填入正确位置
Put the Word“自然”to the Proper Position of Each Sentence

1. 北京的房子 A 太贵，工人的工资 B 不高，C 买不起。
2. 我参加游泳比赛，但是 A 和我比赛的选手 B 都是专业选手，我 C 是倒数第一名了。
3. 政府 A 应该发展公共交通事业，B 限制私人汽车大发展，那样，堵车的问题 C 就可以解决了。

（五）语义判断 Choose the Correct Explanation

1. 老赵的英文还行。

   A：老赵的英文非常好。

   B：老赵的英文比较好。

   C：老赵的英文没有想象的好。

2. 甲：你对中国懂得真多。

   乙：哪里哪里。

   A：乙想知道他在哪些方面了解中国。

   B：乙不知道甲想知道中国哪儿的情况。

   C：乙认为自己并没有甲说的那么好。

3. 甲：下雨了，我们虽然去不了长城，可是我们可以在家准备一下明天的中文课。

   乙：这（那）倒是。

   A：乙不想学习中文。

   B：乙对下雨很失望。

   C：虽然不希望下雨，但是下雨了也可以有合适的安排。

五、阅读材料 Reading Material

中国人的姓氏

中国人的姓氏是代表一个人及其家族的一种符号，是构成中华民族文化的重要内容。姓氏，是姓和氏的合称。在遥远的古代，这是两个完全不同的概念。姓最初是代表有共同血缘、血统、血族关系的种族称号，简称族号。作为族号，它不是个别人或个别家庭的，而是整个氏族部落的称号。

姓的产生与氏族部落的图腾崇拜有关系。在原始蒙昧时代，各部落、氏族都有各自的图腾崇拜物，这种图腾崇拜物成了本部落的标志，后来便成了这个部落全体成员的代号，即“姓”。由于人口的繁衍，原来的部落又分出若干新的部落，这些部落为了互相区别以表示自己的特异性，就为自己的子部落单独起一个本部落共用的代号，这便是“氏”，当然也有的小部落没这样做，而仍然沿用老部落的姓。有的部落一边沿用旧姓，一边有自己的“氏”。这些小部落后来又分出更多的小部落，它们又为自己确定氏，这样氏便越来越多，甚至于远远超过原来姓的规模。所以“氏”可以说是姓的分支。“姓”是不变的，“氏”是可变的。在汉代之前，姓和氏在不同场合使用，哪些人用姓，哪些人用氏有严格规定，汉代以后，姓氏不加区分，姓氏合一，统称为姓。

姓的起源可以追溯到人类原始社会的母系氏族时期。姓是作为区分氏族的特定标志符号。中国的许多古代姓氏都是女字旁，这说明中国人的祖先曾经历过母系氏族社会。不同姓氏可以互相通婚，同姓氏族内禁婚，子女归母亲一方，以母亲为姓。姓的出现是原始人类逐步摆脱蒙昧状态的一个标志。随着社会生产力的发展，母系氏族制度过渡到父系氏族制度，姓改为从父，氏仅为女子家族使用。姓和氏，是人类进步的两个阶段，是文明的产物。

现代中国人的姓，大部分是从几千年前代代相传下来的。有人统计，文献记载和现存的共有5600多个。其特点是：源远流长、内容丰富、出处具体。姓氏的形成各有不同的历史过程。同姓不一定同源，异姓也可能同出一宗。

第二课　开展工作

一、课文　Text

（一）工作拜会

[杰克拜会教育部特殊教育司刘处长]

林小姐： 刘处长，您好！

刘处长： 林小姐，您好！请坐！这位是？

林小姐： 我来介绍一下，这位是杰克·乐佩斯先生，就是我在电话里提到的爱都新来的副代表。

刘处长： 啊，乐佩斯先生，认识您很高兴。您请坐。

杰　克： 谢谢。

刘处长： 对不起，刚才我忙着接一个电话，没有亲自下楼去接你们。

杰　克： 别客气。今天来有两个目的，一是来拜访，我刚刚到任，还不熟悉与中国政府部门合作的程序，希望您能够给予指导。

刘处长： 可以，提供帮助是我们应该做的，如果具体办事程序仍有不清楚的，您也可以上网查询。

杰　克： 还有一个目的，就是感谢您对爱都工作的一贯支持，并希望您今后一如既往地支持爱都在中国的工作。

刘处长： 那是当然，我义不容辞。爱都为发展中国教育事业做出了很大努力，我们应该感谢你们。乐佩斯先生，您是第一次来北京吧？

杰　克： 是的。

刘处长： 怎么样？在北京生活还习惯吧？

杰　克： 习惯。北京人热情好客，北京城非常现代，在这儿生活和工作，我感到非常满意。

[工作人员端上茶]

刘处长： 请喝茶。

杰　克： 谢谢。

刘处长： 乐佩斯先生，希望我们今后合作愉快。

杰　克： 我也是这么希望的。为了感谢您对我们的帮助，星期五晚上 6 点，我在望海楼饭庄准备了一次商务晚宴，希望您到时赏光。

刘处长： 您真是太客气了。到时候我一定去。

杰　克： 那好，时候不早了，我们该告辞了。

刘处长： 我送你们下楼。

杰　克： 不用了，我知道您很忙，请留步，请留步。

（二）介绍爱都

[杰克走进中央教育电视台总编室]

马主任： 乐佩斯先生，你好。欢迎光临。

杰　克： 马主任，谢谢您抽出时间跟我见面。

马主任： 不要客气。我能为你们做什么？

杰　克： 我找您是为了一件事。五月上旬我们准备在湖北武汉举办一个世界教育展。希望贵台能够派出记者报道一下。

马主任：您可否先介绍一下爱都，我到现在还不知道爱都到底是一个什么样的组织呢。

杰　克：可以。爱都是一个国际性民间组织，它的宗旨是帮助发展中国家发展教育，推动全球经济和文化的发展。爱都成立于1985年，总部设在瑞士。创始人是爱丁堡爵士。现在爱都在全世界100多个国家都设立了办事处。

马主任：爱都与联合国是什么关系？我注意到你们跟他们常有联系。

杰　克：这个问题问得好。我们不属于联合国，不是它的下属机构，但是我们赞成和遵守联合国的宪章，愿意协助联合国在教育方面的工作。

马主任：谢谢。你这么一介绍我全明白了。

杰　克：那您看，你们对我们组织这次教育展有兴趣吗？

马主任：当然有兴趣。我们一定参加你们教育展的整个活动，并且全过程跟踪采访。

杰　克：谢谢。

马主任：不过，你是不是可以说得更详细一点儿？或者，可不可以看一看你们这次世界教育展活动的时间安排和活动内容？

杰　克：我已经准备好了。这是我们拟定的活动日程安排；这是我们打算邀请的贵宾；这是我们这次活动的介绍，包括活动的目的、展览的内容等。

马主任：太好了。没有什么需要保密的东西吧？

杰　克：没有，我们爱都不是代表某一个国家，也不是什么商业组织，你们宣传得越多，我们越欢迎。

(一) Gōngzuò Bàihuì

[Jiékè bàihuì Jiàoyùbù Tèshū Jiàoyùsī Liú chùzhǎng]

Lín xiǎojiě: Liú chùzhǎng, nín hǎo!

Liú chùzhǎng: Lín xiǎojiě, nín hǎo! Qǐng zuò! Zhè wèi shì?

Lín xiǎojiě: Wǒ lái jièshào yíxià, zhè wèi shì Jiékè Lèpèisī xiānsheng, jiùshì wǒ zài diànhuà lǐ tídào de Àidū xīn lái de fù dàibiǎo.

Liú chùzhǎng: À, Lèpèisī xiānsheng, rènshi nín hěn gāoxìng. Nín qǐng zuò.

Jiékè: Xièxie.

Liú chùzhǎng: Duìbuqǐ, gāngcái wǒ mángzhe jiē yí ge diànhuà, méiyǒu qīnzì xiàlóu qù jiē nǐmen.

Jiékè: Bié kèqi. Jīntiān lái yǒu liǎng ge mùdì, yī shì lái bàifǎng, wǒ gānggāng dào rèn, hái bù shúxī yǔ Zhōngguó zhèngfǔ bùmén hézuò de chéngxù, xīwàng nín nénggòu jǐyǔ zhǐdǎo.

Liú chùzhǎng: Kěyǐ, tígōng bāngzhù shì wǒmen yīnggāi zuò de, rúguǒ jùtǐ bànshì chéngxù réng yǒu bù qīngchu de, nín yě kěyǐ shàngwǎng cháxún.

Jiékè: Hái yǒu yí ge mùdì, jiù shì gǎnxiè nín duì Àidū gōngzuò de yíguàn zhīchí, bìng xīwàng nín jīnhòu yìrújìwǎng de zhīchí Àidū zài Zhōngguó de gōngzuò.

Liú chùzhǎng: Nà shì dāngrán, wǒ yìbùróngcí. Àidū wèi fāzhǎn Zhōngguó jiàoyù shìyè zuòchūle hěn dà nǔlì, wǒmen yīnggāi gǎnxiè nǐmen. Lèpèisī xiānsheng, nín shì dì-yī cì lái Běijīng ba?

Jiékè: Shì de.

Liú chùzhǎng: Zěnmeyàng? Zài Běijīng shēnghuó hái xíguàn ba?

Jiékè: Xíguàn. Běijīngrén rèqíng hàokè, Běijīngchéng fēicháng xiàndài, zài zhèr shēnghuó hé gōngzuò, wǒ gǎndào fēicháng mǎnyì.

[gōngzuò rényuán duānshang chá]

Liú chùzhǎng: Qǐng hē chá.

Jiékè: Xièxie.

Liú chùzhǎng: Lèpèisī xiānsheng, xīwàng wǒmen jīnhòu hézuò yúkuài.

Jiékè: Wǒ yě shì zhème xīwàng de. Wèile gǎnxiè nín duì wǒmen de bāngzhù, Xīngqīwǔ wǎnshang liù diǎn, wǒ zài Wànghǎilóu Fànzhuāng zhǔnbèile yí cì shāngwù wǎnyàn, xīwàng nín dàoshí shǎngguāng.

Liú chùzhǎng: Nín zhēn shì tài kèqi le. Dào shíhou wǒ yídìng qù.

Lín xiǎojiě: Nà hǎo, shíhou bù zǎo le, wǒmen gāi gàocí le.

Liú chùzhǎng: Wǒ sòng nǐmen xiàlóu.

Lín xiǎojiě: Bú yòng le, wǒ zhīdào nín hěn máng, qǐng liúbù, qǐng liúbù.

(二) Jièshào Àidū

[Jiékè zǒujìn Zhōngyāng Jiàoyù Diànshìtái zǒngbiānshì]

Mǎ zhǔrèn: Lèpèisī xiānsheng, nǐ hǎo. Huānyíng guānglín.

Jiékè: Mǎ zhǔrèn, xièxie nín chōuchū shíjiān gēn wǒ jiànmiàn.

Mǎ zhǔrèn: Bú yào kèqi. Wǒ néng wèi nǐmen zuò shénme?

Jiékè: Wǒ zhǎo nín shì wèile yí jiàn shì. Wǔ yuè shàngxún wǒmen zhǔnbèi zài Húběi Wǔhàn jǔbàn yí ge shìjiè jiàoyùzhǎn. Xīwàng guì tái nénggòu pàichū jìzhě bàodǎo yíxià.

Mǎ zhǔrèn: Nín kě fǒu xiān jièshào yíxià Àidū, wǒ dào xiànzài hái bù zhīdào Àidū dàodǐ shì yí ge shénmeyàng de zǔzhī ne.

Jiékè: Kěyǐ. Àidū shì yí ge guójìxìng mínjiān zǔzhī, tā de zōngzhǐ shì bāngzhù fāzhǎnzhōng guójiā fāzhǎn jiàoyù, tuīdòng quánqiú jīngjì hé wénhuà de fāzhǎn. Àidū chénglì yú yījiǔbāwǔ nián, zǒngbù shè zài Ruìshì. Chuàngshǐrén shì Àidīngbǎo juéshì. Xiànzài Àidū zài quán shìjiè yìbǎi duō ge guójiā dōu shèlìle bànshìchù.

Mǎ zhǔrèn: Àidū yǔ Liánhéguó shì shénme guānxì? Wǒ zhùyì dào nǐmen gēn tāmen cháng yǒu liánxì.

Jiékè: Zhège wèntí wèn de hǎo. Wǒmen bù shǔyú Liánhéguó, bú shì tā de xiàshǔ jīgòu, dànshì wǒmen zànchéng hé zūnshǒu Liánhéguó de xiànzhāng, yuànyì xiézhù Liánhéguó zài jiàoyù fāngmiàn de gōngzuò.

Mǎ zhǔrèn: Xièxie. Nǐ zhème yí jièshào wǒ quán míngbai le.

Jiékè: Nà nín kàn, nǐmen duì wǒmen zǔzhī zhè cì jiàoyùzhǎn yǒu xìngqù ma?

Mǎ zhǔrèn: Dāngrán yǒu xìngqù. Wǒmen yídìng cānjiā nǐmen jiàoyùzhǎn de zhěnggè huódòng, bìngqiě quán guòchéng gēnzōng cǎifǎng.

Jiékè: Xièxie.

Mǎ zhǔrèn: Búguò, nǐ shì-bushì kěyǐ shuō de gèng xiángxì yìdiǎnr? Huòzhě, kě-bukěyǐ kànyíkàn nǐmen zhè cì shìjiè jiàoyùzhǎn huódòng de shíjiān ānpái hé huódòng nèiróng?

Jiékè: Wǒ yǐjīng zhǔnbèi hǎo le. Zhè shì wǒmen nǐdìng de huódòng rìchéng ānpái, zhè shì wǒmen dǎsuàn yāoqǐng de guìbīn; zhè shì wǒmen zhè cì huódòng de jièshào, bāokuò huódòng de mùdì, zhǎnlǎn de nèiróng děng.

Mǎ zhǔrèn: Tài hǎo le. Méiyǒu shénme xūyào bǎomì de dōngxi ba?

Jiékè: Méiyǒu, wǒmen Àidū bú shì dàibiǎo mǒu yí ge guójiā, yě búshì shénme shāngyè zǔzhī, nǐmen xuānchuán de yuè duō, wǒmen yuè huānyíng.

二、生词注释 New Words

1 **欢迎……光临** huānyíng... guānglín to welcome

例句：（1）欢迎各位领导光临！Welcome, leaders.

（2）欢迎各位贵客光临！Welcome, distinguished guests.

2 **副代表** fù dàibiǎo deputy representative

3 **赏光** shǎngguāng to request the company of sb

例句：下周六晚上我将在我的官邸举办一个私人晚会，希望您能够赏光。I will give a private dinner party in my residence next Saturday evening. I'd be pleased to have your company.

4 留步	liúbù	don't bother to see me out
5 民间	mínjiān	non-governmental
6 爵士	juéshì	Sir
7 下属机构	xiàshǔ jīgòu	subordinate agency
8 跟踪	gēnzōng	to follow
9 贵宾	guìbīn	distinguished guest

三、背景知识 Background Information

▶ 1. 介绍新同事 Introducting new colleagues

新同事到任，一般会由部门领导把新同事介绍给大家。介绍的内容通常包括新同事的学习背景，性格特征中有意思的一面，表示相信他（她）一定会与大家合作好。被介绍的人往往表示谦虚，说自己新来乍到，工作没有经验，希望大家今后多多指教等。

When new colleagues come, the department head will introduce them to everyone. When making the introduction, he or she may only say positive things about them, such as their education background, interesting aspects of their personality, and indicate that it is believed that they will surely cooperate well with everyone. The new comers will often show their modesty by saying that they are newly arrived and inexperienced and that they hope to get more guidance from their colleagues in the future.

▶ 2. 招待客人 Entertaining guests

中国人招待客人的方式比较热情。过去，不管客人是否喝茶、吸烟，主人都会主动地给客人倒茶递烟。在城市，现在敬烟的习惯逐渐消失了，但是为客人沏茶和敬茶的习惯依然保留，只是会问一问客人，想喝什么样的茶？客人通常会表示谢意。过去，客人一般是客气和谦让一番，尽管自己很渴，但还是说"我不渴"。这不是虚伪，而是礼貌的表现，表示自己不愿意给主人添太多的麻烦。除了茶，让客人吃花生、瓜子、葡萄干一类的食品也是礼貌的表现。

Chinese people are very hospitable when entertaining guests. In the past, the hosts would offer tea or cigarettes to the guest no matter whether they like them or not. In the cities, the habit of offering cigarettes to guests is gradually dying. But the habit of offering tea to guests is being kept alive. The hosts would only ask the guests what they'd like, green tea, jasmine tea or black tea. Nowadays the guests would say "thank you" to the hosts. But in the past, it was deemed polite and modest for the guests to say "I'm not thirsty", even though in fact they were thirsty. This is not hypocrisy, but rather a manifestation of polite manner, meaning that they wouldn't wish to give the hosts too much trouble. It's also a manifestation of polite manner to offer the guests snacks such as sunflower seeds, peanuts and raisins besides tea.

▶ 3. 合作者之间初次见面 First meeting between people who cooperate with each other

合作者之间初次见面，常常是希望今后好好合作，请对方多多关照。回答可以是"彼此彼此"。

When collaborators meet for the first time, they'd often express their willingness to have a good cooperation in the future and ask the other side to look after their work. The response could be "I share your views and hopes".

▶ 4. 送客人 Seeing off guests

客人要走了，中国人一般的表现是：挽留客人，希望客人多逗留一会儿；送客人到门口、送下楼甚至更远。在送客人途中，主人通常会表示希望客人有空常来玩儿。送客时的常见对话有：

主人：我送你下楼。

客人：不用送了/免送/请留步。

When guests are leaving, Chinese people would often try to urge them to stay longer, they would see the guests off to the door, downstairs or even further. When saying goodbye, the hosts would often say that they hope the guests would drop in whenever they have time. Commonly used sentences are:

Host: I'll see you off downstairs.

Guest: You really don't have to do that. / That won't be necessary. / Please don't bother to see me off.

四、练习 Exercises

（一）选词填空 Choose the Proper Word for Each Blank

A 性	B 光临	C 贵	D 愉快	E 下属	F 亲自	G 告辞

1. 我们公司的开业典礼希望您能够__________。
2. 爱都，是一个国际__________民间组织。
3. 希望__________台能够派出记者报道一下。
4. 乐佩斯先生，希望我们今后合作__________。
5. 对不起，刚才我忙着接一个电话，没有__________下楼去接你们。
6. 时候不早了，我们该__________了。
7. 我们不属于联合国，不是它的__________机构。

（二）判断练习 True or False

1. 到一个新单位工作必须处处显示自己的能力，免得被人瞧不起。 □
2. 第一次跟新同事见面时最好介绍自己良好的教育背景，这样可以树立自己的威信。 □
3. 中国人为了不给主人添麻烦，往往在别人家里拒绝喝水和吃东西。 □
4. 第一次见面时说请别人多多关照，对方的回答可以是“彼此彼此”。 □
5. 为了表示对客人的友好，在客人离开时可以送他到门口或者楼下。 □
6. 挽留客人是礼貌的表示。 □

（三）选择练习 Make Choices

1 选择合适的回答 Choose the right answer

1. A：我送您下楼。　　B：__________
2. A：以后请多关照。　　B：__________
3. A：我给你要杯咖啡。　　B：__________
4. A：你们的日程安排已经做好了。　　B：__________

5. A：希望您能赏光。　　　　B：＿＿＿＿＿＿

（彼此彼此；谢谢；太好了；我一定去；请留步）

② 语义语境判断

Choose the corresponding occasion for each of the following sentences

1. 希望您到时赏光。

   A：邀请别人一起去参加别人的活动或宴席。

   B：邀请上级参加客人的活动或宴席。

   C：邀请别人参加自己组织的活动或宴席。

2. 我没有经验，以后请多帮助。

   A：刚上任时对新同事说的。

   B：第一次见客户时。

   C：第一次见自己的老板时。

3. 请留步。

   A：送客人时对客人说的。

   B：客人告辞时说的。

   C：客人第二次见面时说的。

五、阅读材料　Reading Material

中国人的生肖

十二生肖是指人们所生年份的十二属相，它由十二种动物同十二地支相搭配，组成了子鼠、丑牛、寅虎、卯兔、辰龙、巳蛇、午马、未羊、申猴、酉鸡、戌狗、亥猪一系列年份。哪年出生的人，哪种动物即是他的属相。因此，在中国每一个人都有与自己相对应的属相。

十二生肖起源于中国古人对动物的崇拜。中国古人在长期的生活实践中，经过对动物的观察，发现了动物的许多特殊功能，如有的力大，有的凶猛，有的会飞，有的跑得快等，这令古人羡慕不已。经过驯化了的动物还能够接受人的指挥，理解人的意图，并能代替人做许多事情，这样便使古人对一些动物产生了认同感，并逐渐产生了对动物的崇拜，甚至相信自己的祖先也是由某种动物演化而来的。如中国古代的诗歌总集《诗经》中有“天命玄鸟，降而生商”的诗句，意即商朝祖先起源于玄鸟 (燕子)；《史记》中有记载，商朝的先祖名字叫契，他的母亲因为吃了燕子的卵才生下了他；中国汉代的画像中，传说中的华夏人类祖先伏羲、女娲被画成了人面蛇躯；中国古籍《山海经》中也记录了许多半人半兽形体的神。以上这些历史资料证明了古代中国人对动物的崇拜是客观存在的。

中国人的生肖文化中非常重要的一部分是中国人本命年的观念，本命年是指：十二年一遇的农历属相所在的年份，俗称属相年。也就是说，一个人出生的那年是农历某年，那么以后每过 12 年便是此人的本命年。民间认为本命年是凶年，需要趋吉避凶，消灾免祸。

第三课　请求指导

一、课文　Text

（一）联系见面

[拨通电话]

杰　克： 您好，我是爱都的杰克·乐佩斯。我找国际合作司的关处长。

关处长： 您好，乐佩斯先生，我就是关文凯。怎么样，最近忙不忙？

杰　克： 还好。您一定非常忙吧？前天我在报纸上看到了您写的文章，就是那篇关于大力开办残疾人技能培训学校的文章。这篇文章写得好哇，我和我的同事都同意您的观点，我们都很赞赏您对残疾人受教育情况的调查。

关处长： 过奖过奖。您找我有什么事吗？

杰　克： 爱都计划在今年五月上旬举办一次大型的世界教育展，我想向您请教一下，举办这样的活动，我们需要去中国政府部门办理哪些必要的手续？

关处长： 你们准备在哪儿举办？

杰　克： 在武汉。

关处长： 是你们主办吗？

杰　克：不是，我们中方的合办单位是中国教育国际交流学会。此外，还有几家协办单位。

关处长：按照中国目前的规定，你们可以由中方主办单位申报，举办类似的活动需要得到中国教育部的批准。由于你们的活动在武汉举行，还应该得到湖北省和武汉市政府有关部门的批准。至于在武汉的申报程序，我建议你先和湖北省武汉市外事办公室联系一下，他们会告诉你更详细的步骤。

杰　克：关处长，您看我们可不可以安排一个时间面谈一次，我觉得有很多的问题需要当面向您请教。

关处长：好啊。我建议你把该项目的有关申报材料准备好，先送到我们这里，待我们看完，初步研究一下后，我们再约定一个时间面谈，怎么样？

杰　克：好，材料我们下午就可以送过去。谢谢。

[两天后，杰克拨通了关处长的电话]

杰　克：您好，关处长，不知道我们的材料你们看完没有？

关处长：杰克，你好。我正要给你打电话呢。材料我们已经看完了，你看什么时候可以安排面谈？

杰　克：下个星期二，上午10点，怎么样？

关处长：我可能要晚一点儿，9点45分我要开一个小会。11点怎么样？

杰　克：11点？好啊。我知道您很忙，那么我建议找一个安静一点儿的饭店，我们可以一边吃饭一边谈，如何？

关处长：好主意。那我们见面再详谈吧。

（二）工作午餐

[杰克和关处长在餐馆吃午饭]

杰　克： 对不起，关处长，我是不是来得太迟了？

关处长： 啊，没有，我也刚刚到。请坐吧。

杰　克： 我们坐哪儿？是不是到吸烟区？这样您好吸烟。

关处长： 谢谢。现在吸烟成了公害，我们烟民快成过街老鼠了。

杰　克： 怎么样，没有想过戒掉吗？

关处长： 怎么没想？我都戒过好多次了。（掏出烟）抽一支？

杰　克： 谢谢，我还没有学会。

关处长： 我抽烟你不介意吧？

杰　克： 没关系。今天我买单，您点菜。小姐，请把菜谱拿过来。

关处长： 还是我付钱吧。我要尽地主之谊嘛。

杰　克： 那哪儿行，今天是我向您请教问题，是工作午餐。

关处长： 那就不客气了。你有什么忌口的吗？比方说，对什么过敏？怕不怕辣？或者因为宗教信仰的原因不能吃什么东西？

杰　克： 除了骨头，我什么都吃。

关处长： 好，一个鱼汤，一盘宫爆鸡丁，一盘鱼香肉丝，一个东坡肘子，一盘小油菜。喝点什么？啤酒还是白酒？

杰　克： 还是喝点白葡萄酒吧，我觉得中国的白葡萄酒不错。

[菜已经上好]

杰　克： 关处长，来干一杯。

关处长： 来，干！（喝完酒）哟，杰克，来中国时间不长，酒量见长呀。

杰　克： 喝酒要看兴致嘛。今天有幸和关处长共饮，自然酒量见长啊。

关处长： 言归正传，谈谈你们准备在武汉举办的教育展。

杰　克： 好，我准备了一袋子问题要向您请教。

关处长： 不用客气，希望我的答复能对你有所帮助。

* *

（一）liánxì jiànmiàn

[bōtōng diànhuà]

Jiékè: Nín hǎo, wǒ shì Àidū de Jiékè Lèpèisī. Wǒ zhǎo guójì hézuòsī de Guān chùzhǎng.

Guān chùzhǎng: Nín hǎo, Lèpèisī xiānsheng, wǒ jiù shì Guān Wénkǎi. Zěnmeyàng, zuìjìn máng-bumáng?

Jiékè: Hái hǎo. Nín yídìng fēicháng máng ba? Qiántiān wǒ zài bàozhǐ shang kàndàole nín xiě de wénzhāng, jiù shì nà piān guānyú dàlì kāibàn cánjírén jìnéng péixùn xuéxiào de wénzhāng. Zhè piān wénzhāng xiě de hǎo wā, wǒ hé wǒ de tóngshì dōu tóngyì nín de guāndiǎn, wǒmen dōu hěn zànshǎng nín duì cánjírén shòu jiàoyù qíngkuàng de diàochá.

Guān chùzhǎng: Guòjiǎng guòjiǎng. Nín zhǎo wǒ yǒu shénme shì ma?

Jiékè: Àidū jìhuà zài jīnnián wǔ yuè shàngxún jǔbàn yí cì dàxíng de shìjiè jiàoyùzhǎn, wǒ xiǎng xiàng nín qǐngjiào yíxià, jǔbàn zhèyàng de huódòng, wǒmen xūyào qù Zhōngguó zhèngfǔ bùmén bànlǐ nǎxiē bìyào de shǒuxù?

Guān chùzhǎng: Nǐmen zhǔnbèi zài nǎr jǔbàn?

Jiékè: Zài Wǔhàn.

Guān chùzhǎng: Shì nǐmen zhǔbàn ma?

Jiékè: Bú shì. Wǒmen Zhōngfāng de hébàn dānwèi shì Zhōngguó Jiàoyù Guójì Jiāoliú Xuéhuì. Cǐwài, hái yǒu jǐ jiā xiébàn dānwèi.

Guān chùzhǎng: Ànzhào Zhōngguó mùqián de guīdìng, nǐmen kěyǐ yóu Zhōngfāng zhǔbàn dānwèi shēnbào, jǔbàn lèisì de huódòng xūyào dédào Zhōngguó Jiàoyùbù de pīzhǔn.Yóuyú nǐmen de huódòng zài Wǔhàn jǔxíng, hái yīnggāi dédào Húběi Shěng hé Wǔhàn Shì zhèngfǔ yǒuguān bùmén de pīzhǔn. Zhìyú zài Wǔhàn de shēnbào chéngxù, wǒ jiànyì nǐ xiān hé Húběi Shěng Wǔhàn Shì wàishì bàngōngshì liánxì yíxià, tāmen huì gàosu nǐ gèng xiángxì de bùzhòu.

Jiékè: Guān chùzhǎng, nín kàn wǒmen kě bu kěyǐ ānpái yí ge shíjiān miàntán yí cì, wǒ juéde yǒu hěn duō de wèntí xūyào xiàng nín qǐngjiào.

Guān chùzhǎng: Hǎo a. Wǒ jiànyì nǐ bǎ gāi xiàngmù de yǒuguān shēnbào cáiliào zhǔnbèi hǎo, xiān sòng dào wǒmen zhèlǐ, dài wǒmen kànwán, chūbù yánjiū yíxià hòu, wǒmen zài yuēdìng yí ge shíjiān miàntán, zěnmeyàng?

Jiékè: Hǎo, cáiliào wǒmen xiàwǔ jiù kěyǐ sòng guòqù. Xièxie.

[Liǎng tiān hòu, Jiékè bōtōngle Guān chùzhǎng de diànhuà]

Jiékè: Nín hǎo, Guān chùzhǎng, bù zhīdào wǒmen de cáiliào nǐmen kànwán méiyǒu?

Guān chùzhǎng: Jiékè, nǐ hǎo. Wǒ zhèng yào gěi nǐ dǎ diànhuà ne, cáiliào wǒmen yǐjīng kànwán le, nǐ kàn shénme shíhou kěyǐ ānpái miàntán?

Jiékè: Xiàge Xīngqī'èr, shàngwǔ shí diǎn, zěnmeyàng?

Guān chùzhǎng: Wǒ kěnéng yào wǎn yìdiǎnr, jiǔ diǎn sìshíwǔ fēn wǒ yào kāi yí ge xiǎo huì. Shíyī diǎn zěnmeyàng?

Jiékè: Shíyī diǎn? Hǎo a. Wǒ zhīdào nǐ hěn máng, nàme wǒ jiànyì zhǎo yí ge ānjìng yìdiǎnr de fàndiàn, wǒmen kěyǐ yìbiān chīfàn yìbiān tán, rúhé?

Guān chùzhǎng: Hǎo zhǔyì. Nà wǒmen jiànmiàn zài xiángtán ba.

（二）Gōngzuò Wǔcān

[Jiékè hé Guān chùzhǎng zài cānguǎn chī wǔfàn]

Jiékè: Duìbuqǐ, Guān chùzhǎng, wǒ shì-bushì lái de tài chí le?

Guān chùzhǎng: À, méiyǒu, wǒ yě gānggāng dào. Qǐng zuò ba.

Jiékè: Wǒmen zuò nǎr? Shì-bushì dào xīyānqū? Zhèyàng nín hǎo xīyān.

Guān chùzhǎng: Xièxie. Xiànzài xīyān chéngle gōnghài, wǒmen yānmín kuài chéng guò jiē lǎoshǔ le.

Jiékè: Zěnmeyàng，méiyǒu xiǎngguo jièdiào ma?

Guān chùzhǎng: Zěnme méi xiǎng? Wǒ dōu jièguo hǎo duō cì le.（Tāo chū yān）Zěnmeyàng? Chōu yì zhī?

Jiékè: Xièxie, wǒ hái méiyǒu xuéhuì.

Guān chùzhǎng: Wǒ chōuyān nǐ bú jièyì ba?

Jiékè: Méi guānxi. Jīntiān wǒ mǎidān, nín diǎncài. Xiǎojiě, qǐng bǎ càipǔ ná guòlái.

Guān chùzhǎng: Háishi wǒ fùqián ba. Wǒ yào jìn dìzhǔ zhī yí ma.

Jiékè: Nà nǎr xíng, jīntiān shì wǒ xiàng nín qǐngjiào wèntí, shì gōngzuò wǔcān.

Guān chùzhǎng: Nà jiù bú kèqi le. Nǐ yǒu shénme jìkǒu de ma? Bǐfang shuō, duì shénme guòmǐn? Pà bú pà là? Huòzhě yīnwèi zōngjiào xìnyǎng de yuányīn bù néng chī shénme dōngxi?

Jiékè: Chúle gǔtou, wǒ shénme dōu chī.

Guān chùzhǎng: Hǎo, yí ge yútāng, yì pán gōngbào jīdīng, yì pán yúxiāng ròusī, yí ge Dōngpō zhǒuzi, yì pán xiǎoyóucài. Hē diǎn shénme? Píjiǔ háishi báijiǔ?

Jiékè: Háishi hē diǎn bái pútaojiǔ ba, wǒ juéde Zhōngguó de bái pútaojiǔ búcuò.

[Cài yǐjīng shànghǎo]

Jiékè: Guān chùzhǎng, lái gān yì bēi.

Guān chùzhǎng: Lái, gān!（Hēwán jiǔ）Yō, Jiékè, lái Zhōngguó shíjiān bù cháng, jiǔliàng jiànzhǎng yā.

Jiékè: Hē jiǔ yào kàn xìngzhì ma. Jīntiān yǒuxìng hé Guān chùzhǎng gòngyǐn, zìrán jiǔliàng jiànzhǎng a.

Guān chùzhǎng: Yánguī zhèngzhuàn, tántan nǐmen zhǔnbèi zài Wǔhàn jǔbàn de jiàoyùzhǎn.

Jiékè: Hǎo, wǒ zhǔnbèile yí dàizi wèntí yào xiàng nín qǐngjiào.

Guān chùzhǎng: bú yòng kèqi, xīwàng wǒ de dáfù néng duì nǐ yǒu suǒ bāngzhù.

二、生词注释 New Words

1 **技能** jìnéng skill

2 **协办单位** xiébàn dānwèi organizations that jointly hold an event

3 **申报** shēnbào to apply for; application

例句：(1) 按照规定，这样的项目必须提前一个月申报。According to rules, application should be filed one month in advance for a project like this.

(2) 他正在努力地写论文，打算申报教授职务。He is working hard on his thesis, aiming to apply for the title of professor.

4 **类似** lèisì similar

例句：(1) 如果不采取措施，类似的事件一定会再次发生。Similar events will surely reoccur if no measures are taken.

(2) 好好地道个歉，类似的借口就不要找了。Apologize properly. Stop finding similar excuses.

5 **外事办公室** wàishì bàngōngshì foreign affairs office

6 **公害** gōnghài public hazard

7 **介意** jièyì to mind; to take offence; to take it to heart

例句：(1) 请别介意，我得早点儿走。 Please don't take offence. I have to leave earlier.

(2) 你不会介意我问这样的问题吧？Would you mind me asking questions like this?

8 **买单** mǎidān to pay the bill

9 **菜谱** càipǔ menu

10 忌口　　jìkǒu　　things someone can't eat

11 过敏　　guòmǐn　　allergic, sensitive

例句：（1）我对这种药物过敏。I'm allergic to this kind of medicine.

（2）他这样说是无心的，你不要太过敏。He didn't mean it. Don't be too sensitive.

12 酒量见长　　jiǔliàng jiànzhǎng　　become a better drinker

13 言归正传　　yánguī zhèngzhuàn　　get down to business

例句：我们刚才谈了很多个人的问题，言归正传，我们来谈谈工作吧。We just talked about many personal matters. Let's get down to business and talk about work.

三、背景知识 Background Information

▶ 1. 对别人的文章或其他创作作品的夸奖 Compliment on articles or creations by other people

和英语国家的习惯一样，对别人的作品当面夸奖，是一种礼貌。汉语有一些特殊的词汇和用语，如，对文章的夸奖有：大作，力作，宏文，大手笔，看问题入木三分等；对艺术创作的夸奖有：大作，大手笔，匠心独运等。

It is polite to praise the works of other people in their presence, just like what people do in English-speaking countries. There are some special words and expressions in Chinese for this. Examples are: for articles, dà zuò, lì zuò, hóng wén, dà shǒubǐ, kàn wèntí rùmù sān fēn, etc; For artistic creations, dàzuò, dà shǒubǐ and jiàng xīn dú yùn, etc.

▶ 2. 轻松的戒烟话题 The light topic of quitting smoking

在西方人看来，抽烟应该算是准隐私问题了。但是，在中国，可以和人公开地谈吸烟问题，可以谈论烟草的味道、质量、价钱等，也可以规劝对方戒烟或对对方的戒烟方法提出建议。一般来说，这种话题和谈论喝酒一样轻松，可以作为一种调节气氛的轻松话题。

In the eyes of westerners, smoking should be something semipersonal. But in China, people may talk about smoking openly. They could talk about the taste, quality and price of tobacco, and they may also advise other people to quit smoking or come up with some suggestions on the methods of quitting smoking. In general, this kind of topic is as light as talking about drinking. It may also help enliven the atmosphere.

▶ 3. 谁来点菜　Who will order

一般来说，谁付钱就谁来点菜。但是为了表示主人的客气和大方，请客的人往往让客人点菜，现在也时兴让女士优先点菜。按照传统习惯，人们往往让年长者或位尊一些的人来点菜。

Generally speaking, the person who pays the bill orders the food. However, in order to show good manners and generosity, the host will ask the guest to order. Now it also becomes popular to let ladies order first. According to traditional culture, people may ask elders or respected people to order.

▶ 4. 四大菜系　Four famous styles of cooking

中国人很讲究吃。所谓“色香味俱佳”。各个地方的饮食有各个地方的特色，但就影响上来说，有四大菜系最有名：（1）川菜，即四川菜，味道麻辣；（2）淮菜，以扬州菜为主，以烹制河鲜、湖蟹和蔬菜见长，味道偏甜；（3）鲁菜，味道偏咸，源于山东一带；（4）粤菜，源于广东，用料广而杂，火候不深，用味不重，重在体现食物的原有味道。

The Chinese people are very particular when it comes to cooking. They like their food to be good in “color, smell and taste”. Food in each region has its own features. But in terms of influence, there are four styles of cooking that are very famous: 1. Sichuan style of cooking, it tastes hot and spicy. 2. Huaiyang style of cooking, in particular Yangzhou style, features fresh water fish, crabs and vegetables. It tastes fairly sweet. 3. Lu style of cooking, it tastes salty, originated from Shandong Province. 4. Cantonese style of cooking, originated from Guangdong Province. A wide variety of raw materials are used. The heating duration is short and the dishes often have light taste. It mainly features the original taste of food.

四、练习 Exercises

（一）选词填空 Choose the Proper Word for Each Blank

A 公害	B 申报	C 介意	D 言归正传	E 类似	F 买单	G 见长	H 过敏

1. 现在__________这个项目已经有点儿来不及了。
2. 我们经常举办__________的活动。
3. 汽车污染已经成了城市的__________。
4. 他经常开玩笑说：我请客，你__________。
5. 我对花粉__________。
6. 请你不要__________，我要暂时离开一会儿。
7. __________，谈谈你们准备在武汉举办的教育展。
8. 杰克，来中国时间不长，酒量__________呀。

（二）判断练习 True or False

1. 请客的人自己点菜，不会让别人点菜，因为这样很礼貌。 □
2. 常常让年长的或者职位高的人点菜。 □
3. 抽烟是一个比较敏感的话题，不要随便议论。 □
4. 劝人戒烟是绝对不可以的。 □

（三）选择练习 Make Choices

① 划线搭配 Match the following contents in groups by drawing lines

淮菜	广东	用料广而杂，火候不深，用味不重，重在体现食物的原有味道
鲁菜	扬州	以烹制河鲜、湖蟹和蔬菜见长，味道偏甜
粤菜	四川	味道麻辣
川菜	山东	味道偏咸

② 将下列词语填入正确位置 Put the following words in the right place

1. 言归正传

A 天气变化的问题我们谈得太多了。B 不过，最近的天气确实变化无常。C天气再怎么变化跟我们的工作又有多大的关系呢？好了，D 我们还是好好地研究一下属于我们自己的事情吧。

2. 至于

A 你现在需要做的工作就是想尽一切办法把这件事情宣传出去，B 要让更多的人知道。C 经费问题，请你不要担心，D 我会想办法解决的。

五、阅读材料 Reading Material

二十四节气解说

中国古代农民可能记不准日期和时间，却对二十四节气了如指掌，这是因为节气与农业有着密切的关联。二十四节气指出气候变化、雨水多寡和霜期长短，是中国劳动人民长期对天文、气象、物候进行观测、探索和总结的结果，对农事耕作具有相当重要和深远的影响。

从中国古人对节气最早的命名可知，二十四节气的形成与太阳有着密切的关系。“节”的意思是段落，“气”是指气象物候。节气是根据地球在公转轨迹上的位置划分的，并描述了地球因太阳所呈现出来的自然现象。因地球绕日一年转360度，将360度分为24份，每份是15度，15度为一个节气，每个节气约15天，这就构成了二十四个节气。

每个节气的专名，均含有气候变化、物候特点和农作物生长情况等意义，即：立春、雨水、惊蛰、春分、清明、谷雨、立夏、小满、芒种、夏至、小暑、大暑、立秋、处暑、白露、秋分、寒露、霜降、立冬、小雪、大雪、冬至、小寒、大寒。以上依次顺数，逢单数的为“节”气，简称为“节”；逢双数的为“中”气，简称为“气”，合起来就叫“节气”。

人们为了便于记忆二十四节气的顺序，把二十四节气中每节气各取一个字编成了下列的歌诀:“春雨惊春清谷天，夏满芒夏暑相连，秋处露秋寒霜降，冬雪雪冬小大寒。”节气成了古人甚至现代人安排农事及日常活动的重要依据。

第四课　筹办展览

一、课文　Text

（一）联系场地

杰　克： 林小姐，教育展的场地联系好了吗？

林小姐： 我正要向你汇报呢。我联系了几家。经过比较，我个人认为，国际展览中心比较理想。地理位置在市中心，停车位置也比较充裕，价钱嘛，虽然贵一点儿，还是可以接受。

杰　克： 那好。你是不是和他们联系一下？我要跟他们的市场销售部经理谈一次。

林小姐： 好。我这就跟他们联系。

[林小姐打电话]

林小姐： 喂，您好，是张经理吗？我是爱都的林达呀，我们是不是安排一个时间，面谈一次？我们负责这项教育展览的经理也要参加。您看什么时间合适？

张经理： 今天下午我有时间。

林小姐： 下午三点可以吗？

张经理： 可以。

[下午，杰克、林小姐如约来到国际展览中心会客室]

张经理： 欢迎欢迎，林小姐。

林小姐： 介绍一下，这位是我们爱都的项目官杰克·乐佩斯先生。这位是张经理。

杰　克： 您好。

张经理： 您好。乐佩斯先生，请坐。我已给了林小姐一套我们展览中心的使用者手册，我想乐佩斯先生一定已经看过。

杰　克： 看过了。我们对借用你们的场地举办展览很有兴趣。现在有一些细节需要与您讨论一下。

张经理： 好，您说。

杰　克： 首先，我们希望在正式的展厅之外，能安排一个临时办公室。

张经理： 这没有问题。办公室里需要配置些什么设备，请您跟我说得详细一些。

杰　克： 临时办公室里要配两台电话，一部传真机，两台复印机，三张办公桌。

张经理： 可以。

杰　克： 我们希望整个展厅有一套音响设备，而且播音设备设在我们的办公室。

张经理： 没问题。依照惯例，临时办公室和设备将适当收取一定的费用。

杰　克： 没问题。我们的展览时间为六天，希望在六天的午餐时间里，展览中心能够提供餐饮服务。另外，4月28日晚上7点，我们将在你们的小会堂举办一个小型的招待会。

张经理： 午餐什么标准？是自助餐还是中餐？

杰　克： 自助餐。标准是每人80元人民币。

张经理： 好。还有什么特别的要求吗？

杰　克： 我们的展览将办成一个经常性的展览，以后每年都将在适当的时候举行，希望我们合作愉快，并且成为长期的合作伙伴，同时希望在价钱上能够有一定的折扣。

张经理： 可以考虑。这样吧，我们考虑好以后，我给你们打电话。

杰　克： 那好。我等你的电话。对了，你可不可以为我们提供一套你们展览厅的平面图，包括小会堂？

张经理： 当然可以。

（二）广告策划

[在长江广告印刷品公司]

王经理： 您好，您找谁？

林小姐： 我是爱都的林达。我给你们打过电话，是关于印制一套宣传品的事情。

王经理： 啊，您好。我姓王，是长江广告印刷品公司的经理。请这边坐。

[林小姐坐下，秘书倒茶]

林小姐： 谢谢。王先生，我们计划在5月2日至7日举办世界教育展览，现在需要做一套宣传品。我想知道，贵公司除了制作宣传品之外，是不是还承担宣传品的策划和设计工作？

王经理： 是的。我们公司一共有8个专业的广告设计专家，他们都是名牌大学广告设计专业毕业的，有很丰富的工作经验。

同时，我们还有专门的广告美术师。这是我们为客户设计和制作的宣传品样品，不知是否符合爱都的要求？

林小姐：（翻看宣传品）哦，看样子不错。

王经理： 有什么特别的要求没有？比如在广告创意方面，是要什么风格的？典雅的、明快的、幽默的、还是朴实的？

林小姐： 既要朴实庄重，又要引人注意。这些是我们要设计的内容，一个是招贴画，做成4开大小；一个是宣传手册，宣传手册不用设计，就按照我们的材料顺序，印刷成册就可以。

王经理： 对宣传手册的封面有什么要求？

林小姐： 可以在招贴画的基础上加以改造，加上醒目的标题就可以了。

王经理： 招贴画有几种形式，有实景的，有卡通的，也有电脑创意画，不知林小姐需要哪一种？

林小姐： 用电脑创意画比较好。如果你们可以在我们提供的图片的基础上进行加工，就更好了。

王经理： 对于纸张有什么要求？

林小姐： 都用铜版纸吧。

王经理： 好吧。下个星期三以前，我们可以将招贴画设计初稿送给你们，你们提出修改意见以后，我们再作修改，你们同意后就可以制版印刷了。

[爱都办公室，林小姐在看王经理送来的设计稿]

林小姐： 总地说来，不错。有几个细节需要修改一下。画面中有各个国家和民族的人很好，但是应该以孩子为主，特别是发展中国家的孩子。要突出教育对这些国家经济发展的作用。标题的字太大，而且最好不要用楷体或者宋体，而是用艺术字。

王经理：既然是教育展，又是在中国办，我倒有一个建议，不知道林小姐是否感兴趣？

林小姐：我很愿意听听。

王经理：能不能加上一些我们民族的东西？

林小姐：您能够说具体点吗？

王经理：比如，画面上有过去私塾的图样，或者骑在牛背上看书的牧童的内容。还有别的，比如什么凿壁偷光等故事。

林小姐：您的建议很好，就照您的想法修改吧。

王经理：那好。还有别的意见吗？

林小姐：整体的颜色不太明快，对比度不够强烈。另外，爱都的标志不是很突出。就这些。

王经理：好。我们根据您的意见修改，后天送样稿给您。

* *

（一）Liánxì Chǎngdì

Jiékè: Lín xiǎojiě, jiàoyùzhǎn de chǎngdì liánxì hǎole ma?

Lín xiǎojiě: Wǒ zhèngyào xiàng nǐ huìbào ne. Wǒ liánxì le jǐ jiā. Jīngguò bǐjiào, wǒ gèrén rènwéi, Guójì Zhǎnlǎn Zhōngxīn bǐjiào lǐxiǎng. Dìlǐ wèizhì zài shì zhōngxīn, tíngchē wèizhì yě bǐjiào chōngyù, jiàqián ma, suīrán guì yìdiǎnr, háishi kěyǐ jiēshòu.

Jiékè: Nà hǎo. Nǐ shì bú shì hé tāmen liánxì yíxià? wǒ yào gēn tāmen de shìchǎng xiāoshòubù jīnglǐ tán yí cì.

Lín xiǎojiě: Hǎo. Wǒ zhè jiù gēn tāmen liánxì.

[Lín xiǎojiě dǎ diànhuà]

Lín xiǎojiě: Wèi, nín hǎo, shì Zhāng jīnglǐ ma? Wǒ shì Àidū de Lín Dá ya, wǒmen shì bú shì ānpái yí ge shíjiān, miàntán yí cì? Wǒmen fùzé zhè xiàng jiàoyù zhǎnlǎn de jīnglǐ yě yào cānjiā. Nín kàn shénme shíjiān héshì?

Zhāng jīnglǐ: Jīntiān xiàwǔ wǒ yǒu shíjiān.

Lín xiǎojiě: Xiàwǔ sān diǎn kěyǐ ma?

Zhāng jīnglǐ: Kěyǐ.

[Xiàwǔ, Jiékè, Lín xiǎojiě rúyuē láidào Guójì Zhǎnlǎn Zhōngxīn huìkèshì]

Zhāng jīnglǐ: Huānyíng huānyíng, Lín xiǎojiě.

Lín xiǎojiě: Jièshào yíxià, zhè wèi shì wǒmen Àidū de xiàngmùguān Jiékè Lèpèisī xiānsheng. Zhè wèi shì Zhāng jīnglǐ.

Jiékè: Nín hǎo.

Zhāng jīnglǐ: Nín hǎo. Lèpèisī xiānsheng, qǐng zuò. Wǒ yǐ gěile Lín xiǎojiě yí tào wǒmen Zhǎnlǎn Zhōngxīn de shǐyòngzhě shǒucè, wǒ xiǎng Lèpèisī xiānsheng yídìng yǐjīng kànguo.

Jiékè: Kànguo le. Wǒmen duì jièyòng nǐmen de chǎngdì jǔbàn zhǎnlǎn hěn yǒu xìngqù. Xiànzài yǒu yìxiē xìjié xūyào yǔ nín tǎolùn yíxià.

Zhāng jīnglǐ: Hǎo, nín shuō.

Jiékè: Shǒuxiān, wǒmen xīwàng zài zhèngshì de zhǎntīng

zhīwài, néng ānpái yí ge línshí bàngōngshì.

Zhāng jīnglǐ: Zhè méiyǒu wèntí. Bàngōngshì lǐ xūyào pèizhì xiē shénme shèbèi, qǐng nín gēn wǒ shuō de xiángxì yìxiē.

Jiékè: Línshí bàngōngshì lǐ yào pèi liǎng tái diànhuà, yí bù chuánzhēnjī, liǎng tái fùyìnjī, sān zhāng bàngōngzhuō.

Zhāng jīnglǐ: Kěyǐ.

Jiékè: Wǒmen xīwàng zhěnggè zhǎntīng yǒu yí tào yīnxiǎng shèbèi, érqiě bōyīn shèbèi shè zài wǒmen de bàngōngshì.

Zhāng jīnglǐ: Méi wèntí. Yīzhào guànlì, línshí bàngōngshì hé shèbèi jiāng shìdàng shōuqǔ yídìng de fèiyòng.

Jiékè: Méi wèntí. Wǒmen de zhǎnlǎn shíjiān wéi liù tiān, xīwàng zài liù tiān de wǔcān shíjiān lǐ, zhǎnlǎn zhōngxīn nénggòu tígōng cānyǐn fúwù. Lìngwài, sì yuè èrshíbā rì wǎnshang qī diǎn, wǒmen jiāng zài nǐmen de xiǎo huìtáng jǔbàn yí ge xiǎoxíng de zhāodàihuì.

Zhāng jīnglǐ: Wǔcān shénme biāozhǔn? Shì zìzhùcān háishi Zhōngcān?

Jiékè: Zìzhùcān. Měi rén bāshí yuán Rénmínbì.

Zhāng jīnglǐ: Hǎo. Háiyǒu shénme tèbié de yāoqiú ma?

Jiékè: Wǒmen de zhǎnlǎn jiāng bànchéng yí ge jīngchángxìng de zhǎnlǎn, yǐhòu měinián dōu jiāng zài shìdàng de shíhou jǔxíng, xīwàng wǒmen hézuò yúkuài, bìngqiě chéngwéi chángqī de hézuò huǒbàn, tóngshí xīwàng zài jiàqián shang nénggòu yǒu yídìng de zhékòu.

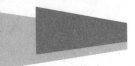

Zhāng jīnglǐ: Kěyǐ kǎolǜ. Zhèyàng ba, wǒmen kǎolǜ hǎo yǐhòu, wǒ gěi nǐmen dǎ diànhuà.

Jiékè: Nà hǎo. Wǒ děng nǐ de diànhuà. Duì le, nǐ kě bù kěyǐ wèi wǒmen tígōng yí tào nǐmen zhǎnlǎntīng de píngmiàntú, bāokuò xiǎo huìtáng?

Zhāng jīnglǐ: Dāngrán kěyǐ.

（二）Guǎnggào Cèhuà

[Zài Chángjiāng Guǎnggào Yìnshuāpǐn Gōngsī]

Wáng jīnglǐ: Nín hǎo, nín zhǎo shéi?

Lín xiǎojiě: Wǒ shì Àidū de Lín Dá. Wǒ gěi nǐmen dǎguo diànhuà, shì guānyú yìnzhì yí tào xuānchuánpǐn de shìqing.

Wáng jīnglǐ: À, nín hǎo. Wǒ xìng Wáng, shì Chángjiāng Guǎnggào Yìnshuāpǐn Gōngsī de jīnglǐ. Qǐng zhèbiān zuò.

[Lín xiǎojiě zuòxià, mìshū dào chá]

Lín xiǎojiě: Xièxie. Wáng xiānsheng, wǒmen jìhuà zài wǔ yuè èr rì zhì qī rì jǔbàn shìjiè jiàoyù zhǎnlǎn, xiànzài xūyào zuò yí tào xuānchuánpǐn. Wǒ xiǎng zhīdào, guìgōngsī chúle zhìzuò xuānchuánpǐn zhīwài, shì bú shì hái chéngdān xuānchuánpǐn de cèhuà hé shèjì gōngzuò?

Wáng jīnglǐ: Shì de. Wǒmen gōngsī yígòng yǒu bā ge zhuānyè de guǎnggào shèjì zhuānjiā, tāmen dōu shì míngpái dàxué guǎnggào shèjì zhuānyè bìyè de, yǒu hěn fēngfù de gōngzuò jīngyàn. Tóngshí, wǒmen háiyǒu zhuānmén de guǎnggào měishùshī. Zhèshì wǒmen wèi kèhù shèjì hé zhìzuò de xuānchuánpǐn yàngpǐn, bù zhī shìfǒu fúhé Àidū de yāoqiú?

Lín xiǎojiě: （Fānkàn xuānchuánpǐn） Ō, kàn yàngzi búcuò.

Wáng jīnglǐ: Yǒu shénme tèbié de yāoqiú méiyǒu? Bǐrú zài guǎnggào chuàngyì fāngmiàn, shì yào shénme fēnggé de? Diǎnyǎ de, míngkuài de, yōumò de, háishi pǔshí de?

Lín xiǎojiě: Jì yào pǔshí zhuāngzhòng, yòu yào yǐnrén zhùyì. Zhèxiē shì wǒmen yào shèjì de nèiróng, yí ge shì zhāotiēhuà, zuòchéng sì kāi dàxiǎo; yí ge shì xuānchuán shǒucè. Xuānchuán shǒucè bú yòng shèjì, jiù ànzhào wǒmen de cáiliào shùnxù, yìnshuā chéng cè jiù kěyǐ.

Wáng jīnglǐ: Duì xuānchuán shǒucè de fēngmiàn yǒu shénme yāoqiú?

Lín xiǎojiě: Kěyǐ zài zhāotiēhuà de jīchǔ shang jiāyǐ gǎizào, jiāshàng xǐngmù de biāotí jiù kěyǐ le.

Wáng jīnglǐ: Zhāotiēhuà yǒu jǐ zhǒng xíngshì, yǒu shíjǐng de, yǒu kǎtōng de, yě yǒu diànnǎo chuàngyìhuà, bù zhī Lín xiǎojiě xūyào nǎ yì zhǒng?

Lín xiǎojiě: Yòng diànnǎo chuàngyìhuà bǐjiào hǎo. Rúguǒ nǐmen kěyǐ zài wǒmen tígōng de túpiàn de jīchǔ shang jìnxíng jiāgōng, jiù gèng hǎo le.

Wáng jīnglǐ: Duìyú zhǐzhāng yǒu shénme yāoqiú?

Lín xiǎojiě: Dōu yòng tóngbǎnzhǐ ba.

Wáng jīnglǐ: Hǎo ba. Xià ge Xīngqīsān yǐqián, wǒmen kěyǐ jiāng zhāotiēhuà shèjì chūgǎo sòng gěi nǐmen, nǐmen tí chū xiūgǎi yìjiàn yǐhòu, wǒmen zài zuò xiūgǎi, zài nǐmen tóngyì hòu jiù kěyǐ zhìbǎn yìnshuā le.

[Aidū bàngōngshì, Lín xiǎojiě zài kàn Wáng jīnglǐ sònglái de shèjìgǎo]

Lín xiǎojiě: Zǒng de shuōlái, búcuò. Yǒu jǐ ge xìjié xūyào xiūgǎi yíxià. Huàmiàn zhōng yǒu gègè guójiā hé mínzú de rén hěn hǎo, dànshì yīnggāi yǐ háizi wéizhǔ, tèbié shì fāzhǎnzhōng guójiā de háizi. Yào tūchū jiàoyù duì zhèxiē guójiā jīngjì fāzhǎn de zuòyòng. Biāotí de zì tài dà, érqiě zuì hǎo bú yào yòng Kǎitǐ huòzhě Sòngtǐ, érshì yòng yìshùzì.

Wáng jīnglǐ: Jìrán shì jiàoyùzhǎn, yòu shì zài Zhōngguó bàn, wǒ dào yǒu yí ge jiànyì, bù zhīdào Lín xiǎojiě shìfǒu gǎn xìngqù?

Lín xiǎojiě: Wǒ hěn yuànyì tīngting.

Wáng jīnglǐ: Néng bù néng jiāshàng yìxiē wǒmen mínzú de dōngxi?

Lín xiǎojiě: Nín nénggòu shuō jùtǐ diǎn ma?

Wáng jīnglǐ: Bǐrú, huàmiàn shang yǒu guòqù sīshú de túyàng, huòzhě qí zài niúbèi shang kànshū de mùtóng de nèiróng. Hái yǒu biéde, bǐrú shénme záobì-tōuguāng děng gùshi.

Lín xiǎojiě: Nín de jiànyì hěn hǎo, jiù zhào nín de xiǎngfǎ xiūgǎi ba.

Wáng jīnglǐ: Nà hǎo. Hái yǒu biéde yìjiàn ma?

Lín xiǎojiě: Zhěngtǐ de yánsè bú tài míngkuài, duìbǐdù bú gòu qiángliè. Lìngwài, Àidū de biāozhì bú shì hěn tūchū. Jiù zhèxiē.

Wáng jīnglǐ: Hǎo. Wǒmen gēnjù nín de yìjiàn xiūgǎi, hòutiān sòng yànggǎo gěi nín.

二、生词注释　New Words

1 **市场销售部**　shìchǎng xiāoshòubù　marketing department

2 **使用者手册**　shǐyòngzhě shǒucè　user's manual

3 **细节**　xìjié　detail

例句：(1) 我们需要知道细节，请你给我们准备一份更详细的报告。We need to know the details. Please give us a more detailed report.

(2) 我只知道大概，具体细节不是很清楚。I only have a general view of it and not very clear about the details.

4 **展厅**　zhǎntīng　exhibition hall

5 **配置**　pèizhì　equipment; to be equipped with

例句：(1) 这台电脑配置很高。This computer is sophisticatedly equipped.

(2) 会场上我们需要配置音响设备。We need acoustic equipment for the venue.

6 **音响设备**　yīnxiǎng shèbèi　acoustic equipment

7 **播音设备**　bōyīn shèbèi　broadcasting equipment

8 **惯例**　guànlì　usual practice

例句：(1) 买电脑时得到随机奉送的软件已经成为惯例。It has become a usual practice to get software as compliments when people buy computers.

(2) 依照惯例，公司开业是要搞一个剪彩仪式的。According to the usual practice, there will be a ribbon-cutting ceremony when companies open business.

9 **餐饮服务**　cānyǐn fúwù　catering service

10	自助餐	zìzhùcān	buffet
11	平面图	píngmiàntú	plane figure
12	印制	yìnzhì	to print
13	创意	chuàngyì	creation; creative idea

例句：(1) 在公共汽车上做广告的创意很好。It's a good idea to put ads on buses.

(2) 这份广告缺少创意。This advertisement lacks creative idea.

14	典雅	diǎnyǎ	elegant, graceful
15	明快	míngkuài	lucid and lively; bright
16	招贴画	zhāotiēhuà	poster
17	醒目	xǐngmù	eye-catching

例句：(1) 标题最好用粗体字，那样更醒目一些。It will be better to use bold type for the headline. It will be more eye-catching.

(2) 到了我们公司大楼门口，你可以看到一块醒目的广告牌。You will see an eye-catching ads board when you come to the building of our company.

18	铜版纸	tóngbǎnzhǐ	art paper
19	楷体	Kǎitǐ	(of Chinese calligraphy) script in formal style
20	宋体	Sòngtǐ	Song typeface (a standard typeface originated from the Ming Dynasty)
21	艺术字	yìshùzì	fancy style character
22	私塾	sīshú	private school in the old days
23	凿壁偷光	záobì-tōuguāng	to bore a hole in the wall to get light from a neighbour's home—be industrious in study
24	样稿	yànggǎo	sample manuscript

三、背景知识 Background Information

▶ 1. 贵公司 Your company

"贵"是敬辞，称与对方有关的事。常用的如：贵国、贵校、贵院（医院）、贵公司、贵中心等。

"Guì (your)" is a polite expression to address matters related to the person you are talking to. Common usages are: guì guó, guì xiào, guì yuàn (yīyuàn), guì gōngsī, guì zhōngxīn etc.

▶ 2. 中国特色的宣传品 Publicity materials of Chinese characteristics

不论是外国公司还是外国政府或民间组织驻华机构，如果他们想在中国印制和发行宣传品，就应该适合中国人的欣赏习惯和民族的审美心理。如果适当地采用一些中国艺术的形式就更好了。典型的中国艺术形式有：中国画、中国书法、印章篆刻、剪纸、对联、京剧脸谱、中国建筑形式，等等。

For foreign companies, governmental or non-governmental organizations based in China who intend to print and distribute publicity materials in this country, they should try to cater to the appreciation and aesthetic perspective of the Chinese people. It would be better for them to properly adopt some forms of Chinese art. Typical Chinese art forms are Chinese painting, Chinese calligraphy, seal curving, paper-cut, antithetical couplet, facial make-up of Beijing Opera, and Chinese architectural style etc.

▶ 3. 如何给别人提建议 The ways of putting forward suggestions to others

汉语讲究委婉和含蓄。给别人提建议尤其是这样。课文中王经理给客户林小姐提建议就非常客气。一般来说，建议者的常见说法有：

* 我有一个建议，不知道该不该说？（回答一般是：您说 / 请讲 / 但说无妨）

* 关于……我倒有一个建议，不知道您有没有兴趣听？

* 您的想法很好，不过如果能够……（建议）的话就更好了。

Chinese language stresses mild and reserved tone. It is especially the case when it comes to raising suggestions to others. In the text, Manager Wang is very polite when making suggestions to his customer Miss Lin. Generally speaking, common expressions of making a suggestion are as follows:

I have a suggestion. I wonder whether I should say it or not. (answer: Yes, please / I'm listening / Just speak out)

I have a suggestion on... I wonder if you are interested.

You have a good idea. But it would be better if... (suggestion)

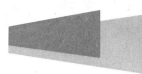

▶ 4. 中国人尊师重教的传统
The Chinese tradition of respecting teachers and valuing education

中国古代通过科举考试选拔官吏有一千多年的历史，因此通过刻苦读书考取功名是个人政治发展的唯一途径，因此教师享有极高的地位。教师的任务也不仅要教书，还要育人，即要教学生如何做人。

The system of selecting officials through imperial examination had existed for over 1000 years in ancient China and diligent learning had become the only way to seek official position. As such, it was quite natural that teachers were highly respected. Meanwhile, a teacher should not only teach students knowledge but also educate them how to behave.

四、练习 Exercises

（一）选词填空 Choose the Proper Word for Each Blank

A 细节	B 创意	C 惯例	D 配置	E 醒目	F 典雅

1. 我们需要______________好一点儿的电脑。
2. 办公室里挂了不少古代绘画，显得非常______________。
3. 题目用黑体字，看起来更______________些。
4. 广告画用中国古代的故事，这种宣传很有______________。
5. 我们需要知道更多的______________。
6. 项目官新到任时去拜访有关官员是一种______________。

（二）判断练习 True or False

1. “贵公司”是对专门卖贵重商品的公司的称呼。 □
2. 给别人提建议往往直接说出自己的建议。 □
3. 中国人尊重老师主要是为了考试。 □
4. 最端端正正的汉字是行书。 □

五、阅读材料 Reading Material

四合院

四合院是中国建筑的特征之一，无论是宫殿、寺庙、衙署还是住宅，都属四合院布局。中国建筑以坐北朝南为正统，所谓四合院是指由东、西、南、北四面的房屋围合成一个方形的院子。中国建筑采用四合院形式由来已久，考古发掘出来的陕西岐山凤雏村的“中国第一四合院”，距今已有三千一百多年了。

中国传统社会的礼教伦常观念体现在住宅方面，主要是“长幼有序”、“内外有别”、“尊卑上下”。在四合院中，这种传统礼法得到充分的体现。首先是“居中为尊”，居于中轴线上的建筑最尊贵，如正厅、正房，它们在全宅中是尺度最大的、工料最好的、装饰最精美的。另一个是“左为上”，在讲述中国建筑时是按面南而坐，左是东侧，所以东厢房要比西厢房略高一些，就是正房的东次间面积也要略大于西次间。

在居住分配方面，主人住在正房，儿孙住厢房，正房的明间用做客厅时，主人住在东次间，长子住东厢房，妇女要住在内院、后罩房或后楼等远离大门的地方。仆人则必须住在外院或跨院房中，男客一般不请入内宅，成年男仆也不准进入内院。

四合院的伸缩性很强，小的只有一个院子，房屋不足十间；大的有三进院，房屋数十间。四合院的适应性极强，各种不同的自然条件和社会环境都可灵活使用。中国各地的老式住宅几乎都属于四合院体系，只是因有所变异而各具不同的特色与名称，如：因气候寒冷而愿多纳阳光、房屋互不遮挡的东北大院；重视仪礼、庭院规整的北京四合院；避免强烈西晒的关中“窄院”；温热多雨、天井很小的江南“四水归堂”等。上述各种民居类型都是在不同的自然地理、人文环境中产生的四合院变体。

第五课　会议发言

一、课文　Text

（一）讨论致辞

[讨论爱都驻中国代表杜乐先生致的开幕辞]

杜　乐： 林小姐，现在我们讨论一下我在教育展上的讲话，请你帮我修改一下我的讲话稿。

林小姐： 好。杜乐先生，您的讲话稿我已经看了。开头不好，不像是中文讲话稿。我给您改了一下，您看看顺不顺口。

杜　乐： （念）女士们，先生们：早上好！首先，我代表爱都组织欢迎大家参加第三届世界教育展。

为什么一定要代表爱都组织呢？我以我个人的名义讲不行吗？

林小姐： 在这样的场合，您又是爱都的代表，应该代表爱都讲话。

杜　乐： 好。（念）作为一个国际民间教育组织，爱都多年来始终关注全世界特别是发展中国家教育的发展情况，并且通过与各国政府和其他国际组织以及商业组织的合作，开展各种活动，推动全世界特别是发展中国家教育的全面发展。因此，我们的口号是“哪里需要教育，哪里就有爱都”，“哪里有爱都，哪里就有教育”。

好，这一段改得好。我最喜欢后面两句。你为什么把我下面的几句话删掉了？

林小姐：您说的是不是“要把先进的和正确的教育理念普及到世界每一个角落去”那句话？

杜　乐：对。就是那句话。

林小姐：您知道，中国人最谦虚，像这样自吹自擂的话最好不要说了，免得让人反感。再说，教育就是教育，也不存在谁先进谁落后的问题，您说是不是？

杜　乐：这倒也是。好，我们再讨论一下“为什么读书”这个问题。你说说，在中国，人们为什么要读书？这是我讲话中要表达的一个重要内容。

林小姐：中国教育经历了从“为小家”到“为国家”的发展过程。科举考试时代，读书是为了荣华富贵、光宗耀祖。到了近代和现代，中国人提出了“教育兴国”的口号，大家熟悉的外交家和国际活动家周恩来总理就在他的年轻时代树立了“为中华崛起而读书”的理想。

杜　乐：这个转变很有意义。请你把这一段话写进我的讲稿，还要特别提到：是教育发展的不平衡，造成了人类发展的不平衡，造成了贫富的悬殊，从而加剧了国家和民族之间的矛盾和误解。因此，我们提出“教育解放全人类”的口号。

林小姐：好。结尾我已经给您写好了。您看这样行不行：

最后，我要再一次感谢大家的光临，祝愿此次参展的商业机构和学校赢得机会，各位观众满载而归。谢谢。

杜　乐：很好。

（二）对话交流

［教育展期间，北京市某重点中学校长刘先生和与会代表的对话摘录］

刘校长： 女士们，先生们，早上好！受大会的邀请，我就“开展素质教育对教师的要求”这个话题和大家交换看法。在坐的都是教育界的专家，由我来主谈这个问题实在有点儿班门弄斧。不过，我还是很高兴，我也很愿意在这里谈一谈自己的点滴体会。对我来说，这也是一次学习的好机会。说得不妥的地方，恳请大家提出批评。

代表一： 刘先生，目前中国正在提倡“素质教育”，您能否介绍一下为什么要提倡“素质教育”？

刘校长： “素质教育”这个概念是针对应试教育提出来的。考试作为教学评估的一种手段，被各种教育形式广泛应用。在中国，考试更成为选拔人才的一种重要手段。过去我们有科举考试，一次考试成功，就马上功成名就，光宗耀祖。在今天，我们虽然废除了科举考试，但是一考定终身的现象还是普遍存在。比如，现在我们的升学、就业、职务晋升等，都和考试有关，特别是九年义务教育之后的教育，像高等学校入学考试，就更是万人争挤独木桥。这种教育制度培养了不少优秀的专才，但是也不可否认，它存在很大的弊端，它使我们的教育过多注重考试的分数，而忽视了学生在品德、智力、社会适应能力、身体素质等方面的综合发展。

代表二： 刘先生，您可以介绍一下贵校在素质教育方面有哪些具体措施吗？

刘校长： 好。在我们学校，压缩了学生课堂专业课程学习时间，增加了学生社会实践、课外活动等的时间，给学生布置明确的动手任务，使学生通过思考解决实际生活中的问题。我们和一些名牌大学订立了直接保送优秀学生入学的协议，这些优秀学生的选拔不仅要求他们在学习成绩上要优秀，同时在动手能力、思想品德等方面都有具体的要求。

代表三： 刘先生，你们学校对老师有什么样的要求？

刘先生： 这个问题提得好，这也是我很想谈的一个问题。第一，我们认为老师是学科的专家，在业务领域是学生的引路人，因此，他在自己所教授专业领域的知识必须尽可能的渊博。第二，教师是学生为人处世的榜样。用一句老话来说，教师要为人师表，在人格上为学生树立榜样。所有做人必须具备的美德，都应该在教育者身上体现。第三，教师应该对所教学科和其他学科领域的知识保持强烈的求知欲和新奇感，因为老师应该通过自己的言传身教让学生明白：接受教育是终身的事情。这样，才有利于培养学生对学习的热情。除此之外，我认为，教师最可贵的品质应该是对社会的关心和热情，对国家和社会有强烈的责任感和使命感。在日益激烈的社会竞争中，每个人除了应该有属于个人的目标之外，还应该有相对崇高一些的目标和生活准则，这也是教育对人提出的要求。

代表四： 刘先生，你们学校倡导“素质教育”的做法是不是也受到了来自家长的压力？

刘校长： 应该说开始的时候是这样。但是随着时代的进步，家长的教育观念也发生了很大的转变。现在，支持我们的家长是大多数。

最后，我代表我们学校全体师生欢迎各位专家到我校参观指导，多提宝贵意见。谢谢。

* *

(一) Tǎolùn Zhìcí

[Tǎolùn Àidū Zhù Zhōngguó Dàibiǎo Dùlè xiānsheng zhì de kāimùcí]

Dùlè: Lín xiǎojiě, xiànzài wǒmen tǎolùn yíxià wǒ zài Jiàoyùzhǎn shang de jiǎnghuà, qǐng nǐ bāng wǒ xiūgǎi yíxià wǒ de jiǎnghuàgǎo.

Lín xiǎojiě: Hǎo. Dùlè xiānsheng, nín de jiǎnghuàgǎo wǒ yǐjīng kàn le. Kāitóu bù hǎo, bú xiàng shì Zhōngwén jiǎnghuàgǎo. Wǒ gěi nín gǎile yíxià, nín kànkan shùn bú shùnkǒu.

Dùlè: (Niàn) Nǚshìmen, xiānshengmen: Zǎoshang hǎo! Shǒuxiān, wǒ dàibiǎo Àidū zǔzhī huānyíng dàjiā cānjiā Dì-sān Jiè Shìjiè Jiàoyùzhǎn.

Wèishénme yídìng yào dàibiǎo Àidū zǔzhī ne? Wǒ yǐ wǒ gèrén de míngyì jiǎng bù xíng ma?

Lín xiǎojiě: Zài zhèyàng de chǎnghé, nín yòu shì Àidū de dàibiǎo, nín lǐsuǒdāngrán de jiù yào dàibiǎo Àidū jiǎnghuà le.

Dùlè: Hǎo. (Niàn) Zuòwéi yí ge guójì mínjiān jiàoyù zǔzhī, Àidū duō nián lái shǐzhōng guānzhù quán shìjiè tèbié shì fāzhǎnzhōng guójiā jiàoyù de fāzhǎn qíngkuàng, bìngqiě tōngguò yǔ gè guó zhèngfǔ hé qítā guójì zǔzhī yǐjí shāngyè zǔzhī de hézuò, kāizhǎn gèzhǒng huódòng, tuīdòng quán shìjiè tèbié shì fāzhǎnzhōng guójiā jiàoyù de quánmiàn fāzhǎn. Yīncǐ, wǒmen de kǒuhào shì “nǎlǐ xūyào jiàoyù, nǎlǐ jiù yǒu Àidū”, “nǎlǐ yǒu Àidū, nǎlǐ jiù yǒu jiàoyù”.

Hǎo, zhè yí duàn gǎi de hǎo. Wǒ zuì xǐhuan hòumiàn liǎng jù. Nǐ wèishénme bǎ wǒ xiàmiàn de jǐ jù huà shāndiào le?

Lín xiǎojiě: Nín shuō de shì bú shì “yào bǎ xiānjìn de hé zhèngquè de jiàoyù lǐniàn pǔjí dào shìjiè měi yí ge jiǎoluò qù” nà jù huà?

Dùlè: Duì. Jiù shì nà jù huà.

Lín xiǎojiě: Nín zhīdào, Zhōngguórén zuì qiānxū, xiàng zhèyàng zìchuī-zìléi de huà zuì hǎo bú yào shuō le, miǎnde ràng rén fǎngǎn. Zàishuō, jiàoyù jiù shì jiàoyù, yě bù cúnzài shéi xiānjìn shéi luòhòu de wèntí, nín shuō shì bú shì?

Dùlè: Zhè dào yě shì. Hǎo, wǒmen zài tǎolùn yíxià “wèishénme dúshū” zhège wèntí. Nǐ shuōshuo, zài Zhōngguó, rénmen wèishénme yào dúshū? Zhè shì wǒ jiǎnghuà zhōng yào biǎodá de yí ge zhòngyào nèiróng.

Lín xiǎojiě: Zhōngguó jiàoyù jīnglìle cóng “wèi xiǎo jiā” dào “wèi guójiā” de fāzhǎn guòchéng. Kējǔ kǎoshì shídài, dúshū shì wèile rónghuá-fùguì, guāngzōngyàozǔ. Dàole jìndài hé xiàndài, Zhōngguórén tíchūle

"Jiàoyù Xīngguó" de kǒuhào, dàjiā shúxī de wàijiāojiā hé guójì huódòngjiā Zhōu Ēnlái zǒnglǐ jiù zài tā de niánqīng shídài shùlìle "wèi Zhōnghuá juéqǐ ér dúshū" de lǐxiǎng.

Dùlè: Zhège zhuǎnbiàn hěn yǒu yìyì. Qǐng nǐ bǎ zhè yí duàn huà xiějìn wǒ de jiǎnggǎo, háiyào tèbié tídào: Shì jiàoyù fāzhǎn de bù pínghéng, zàochéngle rénlèi fāzhǎn de bù pínghéng, zàochéngle pínfù de xuánshū, cóng'ér jiājùle guójiā hé mínzú zhījiān de máodùn hé wùjiě. Yīncǐ, wǒmen tíchū "jiàoyù jiěfàng quán rénlèi" de kǒuhào.

Lín xiǎojiě: Hǎo. Jiéwěi wǒ yǐjīng gěi nín xiě hǎo le. Nín kàn zhèyàng xíng bù xíng:

Zuìhòu, wǒ yào zài yí cì gǎnxiè dàjiā de guānglín, zhùyuàn cǐ cì cānzhǎn de shāngyè jīgòu hé xuéxiào yíngdé jīhuì, gèwèi guānzhòng mǎnzài'érguī. Xièxie.

Dùlè: Hěn hǎo.

（二）Duìhuà Jiāoliú

[Jiàoyùzhǎn qījiān, Běijīng Shì mǒu zhòngdiǎn zhōngxué xiàozhǎng Liú xiānsheng hé yùhuì dàibiǎo de duìhuà zhāilù]

Liú Xiàozhǎng: Nǚshìmen, xiānshengmen, zǎoshang hǎo! Shòu dàhuì de yāoqǐng, wǒ jiù "kāizhǎn sùzhì jiàoyù duì jiàoshī de yāoqiú" zhège huàtí hé dàjiā jiāohuàn kànfǎ. Zàizuò de dōu shì jiàoyùjiè de zhuānjiā, yóu wǒ lái zhǔ tán zhège wèntí shízài yǒudiǎnr bānmén-nòngfǔ. Búguò, wǒ háishi hěn gāoxìng, wǒ yě hěn yuànyì zài zhèlǐ tán yi tán zìjǐ de diǎndī tǐhuì. Duì wǒ láishuō, zhè yě shì yí cì xuéxí de hǎo jīhuì. Shuō de bù tuǒ de dìfang, kěnqǐng dàjiā tíchū pīpíng.

Dàibiǎo yī: Liú xiānsheng, mùqián Zhōngguó zhèngzài tíchàng "sùzhì jiàoyù", nín néngfǒu jièshào yíxià wèishénme yào tíchàng "sùzhì jiàoyù"?

Liú Xiàozhǎng: "Sùzhì jiàoyù" zhège gàiniàn shì zhēnduì yìngshì jiàoyù tíchūlái de. Kǎoshì zuòwéi jiàoxué pínggū de yì zhǒng shǒuduàn, bèi gèzhǒng jiàoyù xíngshì guǎngfàn yìngyòng. Zài Zhōngguó, kǎoshì gèng chéngwéi xuǎnbá réncái de yì zhǒng zhòngyào shǒuduàn. Guòqù wǒmen yǒu kējǔ kǎoshì, yí cì kǎoshì chénggōng, jiù mǎshàng gōngchéng-míngjiù, guāngzōng-yàozǔ. Zài jīntiān, wǒmen suīrán fèichúle kējǔ kǎoshì, dànshì yì kǎo dìng zhōngshēn de xiànxiàng háishi pǔbiàn cúnzài. Bǐrú, xiànzài wǒmen de shēngxué、jiùyè、zhíwù jìnshēng děng, dōu hé kǎoshì yǒuguān, tèbié shì jiǔ nián yìwù jiàoyù zhīhòu de jiàoyù, xiàng gāoděng xuéxiào rùxué kǎoshì, jiù gèng shì wàn rén zhēng jǐ dúmùqiáo. Zhè zhǒng jiàoyù zhìdù péiyǎngle bù shǎo yōuxiù de zhuāncái, dànshì yě bù kě fǒurèn, tā cúnzài hěn dà de bìduān, tā shǐ wǒmen de jiàoyù guò duō zhùzhòng kǎoshì de fēnshù, ér hūshìle xuésheng zài pǐndé, zhìlì, shèhuì shìyìng nénglì, shēntǐ sùzhì děng fāngmiàn de zōnghé fāzhǎn.

Dàibiǎo èr: Liú xiānsheng, nín kěyǐ jièshào yíxià guì xiào zài sùzhì jiàoyù fāngmiàn yǒu nǎxiē jùtǐ cuòshī ma?

Liú Xiàozhǎng: Hǎo. Zài wǒmen xuéxiào, yāsuō le xuésheng kètáng zhuānyè kèchéng xuéxí shíjiān, zēngjiāle xuésheng shèhuì shíjiàn, kèwài huódòng děng de shíjiān, gěi xuésheng bùzhì míngquè de dòngshǒu rènwu, shǐ xuésheng tōngguò sīkǎo jiějué shíjì shēnghuó zhōng de wèntí. Wǒmen hé yìxiē míngpái dàxué dìnglìle zhíjiē bǎosòng yōuxiù xuésheng rùxué de xiéyì, zhèxiē yōuxiù xuésheng de xuǎnbá bùjǐn yāoqiú tāmen zài xuéxí chéngjī shang yào yōuxiù, tóngshí zài dòngshǒu nénglì、sīxiǎng pǐndé děng fāngmiàn dōu yǒu jùtǐ de yāoqiú.

Dàibiǎo sān: Liú xiānsheng, nǐmen xuéxiào duì lǎoshī yǒu shénmeyàng de yāoqiú?

Liú Xiàozhǎng: Zhège wèntí tí de hǎo, zhè yě shì wǒ hěn xiǎng tán de yí ge wèntí. Dì-yī , wǒmen rènwéi lǎoshī shì xuékē de zhuānjiā, zài yèwù lǐngyù shì xuésheng de yǐnlùrén, yīncǐ, tā zài zìjǐ suǒ jiāoshòu zhuānyè lǐngyù de zhīshí bìxū jìn kěnéng de yuānbó. Dì-èr, jiàoshī shì xuésheng wéirénchǔshì de bǎngyàng. Yòng yí jù lǎohuà lái shuō, jiàoshī yào wéirén-shībiǎo. Zài réngé shang wèi xuésheng shùlì bǎngyàng. Suǒyǒu zuòrén bìxū jùbèi de měidé, dōu yīnggāi zài jiàoyùzhě shēnshang tǐxiàn. Dì-sān, jiàoshī yīnggāi duì suǒ jiāo xuékē hé qítā xuékē lǐngyù de zhīshi bǎochí qiángliè de qiúzhīyù hé xīnqígǎn, yīnwèi lǎoshī yīnggāi tōngguò zìjǐ de yánchuán-shēnjiào ràng xuésheng míngbai: Jiēshòu jiàoyù shì zhōngshēn de shìqing. Zhèyàng, cái yǒulìyú péiyǎng xuésheng duì xuéxí de rèqíng. Chúcǐ zhīwài, wǒ rènwéi, jiàoshī zuì kěguì de pǐnzhì yīnggāi shì duì shèhuì de guānxīn hé rèqíng, duì guójiā hé shèhuì yǒu qiángliè de zérèngǎn hé shǐmìnggǎn. Zài rìyì jīliè de shèhuì jìngzhēng zhōng, měi ge rén chúle yīnggāi yǒu shǔyú gèrén de mùbiāo zhīwài, hái yīnggāi yǒu xiāngduì chónggāo yìxiē de mùbiāo hé shēnghuó zhǔnzé, zhè yě shì jiàoyù duì rén tíchū de yāoqiú.

Dàibiǎo sì: Liú xiānsheng, nǐmen xuéxiào chàngdǎo "sùzhì jiàoyù" de zuòfǎ shì bú shì yě shòudàole láizì jiāzhǎng de yālì?

Liú Xiàozhǎng: Yīnggāi shuō kāishǐ de shíhou shì zhèyàng. Dànshì suízhe shídài de jìnbù, jiāzhǎng de jiàoyù guānniàn yě fāshēngle hěn dà de zhuǎnbiàn. Xiànzài, zhīchí wǒmen de jiāzhǎng shì dàduōshù.

Zuìhòu, wǒ dàibiǎo wǒmen xuéxiào quántǐ shī-shēng huānyíng gèwèi zhuānjiā dào wǒ xiào cānguān zhǐdǎo, duō tí bǎoguì yìjiàn. Xièxie.

二、生词注释 New Words

1 以……名义 yǐ... míngyì in the name of

例句：（1）我们以公司的名义向那个希望小学捐款20000元。We made a donation of 20000 yuan to the Hope Primary School in the name of our company.

（2）他们以孩子的名义把这笔钱存入银行了。They deposited the money in the bank in the name of the child.

2 普及 pǔjí to popularize

例句：（1）国家大力普及防治这种传染病的常识。Great efforts are being made throughout the country to popularize knowledge about the prevention of this infectious disease.

（2）九年义务教育在中国已经普及了。The nine-year compulsory education has popularized in China.

3 自吹自擂 zìchuī-zìléi to brag

4 免得 miǎnde so as not to; so as to avoid

例句：（1）每天的工作最好有个日程表，免得记不住。It would be better to have a schedule of each day's work, so that you won't forget anything.

（2）合同应该尽量严密，免得到时候有法律漏洞。Contracts should be as rigorous as possible so as to avoid legal loopholes.

5 科举考试 kējǔ kǎoshì imperial examination

6 荣华富贵 rónghuá-fùguì high position and great wealth

7 光宗耀祖 guāngzōng-yàozǔ to bring honor to one's ancestors

8 班门弄斧 bānmén-nòngfǔ to display one's slight skill before an expert

例句：（1）在这些世界级的管理人员面前谈管理那不是班门弄斧吗？Isn't it displaying slight skill before an expert to talk about management in the presence of this world-class management team?

（2）我班门弄斧，在各位歌唱家面前唱一首流行歌曲。I will display my slight skill before you expert singers by singing a pop song.

9 素质教育 sùzhì jiàoyù quality-oriented education

10 应试教育 yìngshì jiàoyù examination-oriented education

11 评估	pínggū	to assess
12 功成名就	gōngchéng-míngjiù	to be successful and famous
13 九年义务教育	jiǔ nián yìwù jiàoyù	nine-year compulsory education
14 万人争挤独木桥	wàn rén zhēng jǐ dúmùqiáo	everyone struggles to pass through a footlog-bridge—extremely competitive
15 弊端	bìduān	drawback, disadvantage

例句：（1）跟素质教育比，应试教育的弊端非常明显。Examination-oriented education has obvious disadvantages compard with quality-oriented education.

（2）电脑游戏可以培养孩子们的观察能力和反应能力，但是也有不少弊端，比如对孩子的健康不利。Computer game may train children's ability of observation and reaction. However, it also has disadvantages. For example, it is harmful to children's health.

16 渊博	yuānbó	erudite
17 求知欲	qiúzhīyù	thirst for knowledge
18 新奇感	xīnqígǎn	curiosity
19 使命感	shǐmìnggǎn	sense of mission
20 日益（激烈）	rìyì (jīliè)	increasingly (fierce)

例句：（1）随着许多国外公司的进入，这个行业的竞争日益激烈。As more foreign companies come in, the competition in this field has become increasingly fierce.

（2）中国妇女的地位日益提高。The status of Chinese women has been increasingly improved.

三、背景知识 Background Information

▶ 1. 你代表谁 Who do you represent

在一些重要的场合，重要的人物一般都被要求“讲话”，被要求的人也就只好“讲几句”，而且他们一般不是以个人身份，而是“代表”某几个人，或者他能代表的公司、单位或者组织。如果一个重要的人物不能到场，那么也一定要派一个秘书或者助手前去“代表”他讲话。当然，如果是一个学术性的演讲场合，情况又会相反，讲话的人往往说他讲的只是“个人看法”，不代表谁。

On some important occasions, important figures will often be requested to "make a speech", and they have to "say a few words". Generally, they will speak on behalf of several people, a company, a unit or an organization instead of speaking in their own name. If an important figure can't be present, he will surely appoint a secretary or an assistant to speak on his behalf. Of course, it will be just the opposite situation when it comes to an academic lecture. Speakers will always make it clear that they are only expressing their "personal views" and that they don't represent any others.

▶ 2. 谦虚被中国人视为美德 Modesty is regarded by Chinese people as a virtue

一个公司或者组织在宣传自己时既要极力显示自己的优势，又要做得非常巧妙，不要让人产生狂妄自大的感觉。像爱都这样的组织，它从事的是文化与教育方面的工作，是科技发达的国家援助贫穷落后的国家，也许它理所当然地认为是“把先进的和正确的教育理念普及到世界每一个角落”，但是中国是一个有着五千年辉煌文明的国度，这样的广告语恐怕是难以找到认同的。

When doing publicity work, a company or an organization should be very tactful in displaying their advantages and at the same time avoiding giving an arrogant impression to others. Organizations like Edu are engaged in the fields of culture and education, the nature of which is for scientifically advanced countries to help others who are lagging behind. Perhaps it's only natural for them to think what they are doing is to "popularize advanced and correct educational concepts into every corner of the world". But in China, a country of brilliant civilization of five thousand years, people might find it difficult to accept such wording.

▶ 3. 讲话的开头 The beginning of a speech

不论你是多么响当当的权威，当面对一群人特别是你的同行讲话时，你必须“谦虚”一番，因为这是起码的美德。报告开头常用的词语有：

* 抛砖引玉，例如：我先讲几句，抛砖引玉。
* 班门弄斧，例如：在各位专家面前谈这个问题，实在是班门弄斧。
* 斗胆，例如：我斗胆地谈一谈我个人的一点看法。
* 欢迎行家（专家）批评指正……（例子略）
* 很高兴有这样一个机会向……求教……（例子略）

No matter how authoritative you are, you must show some modesty when speaking in front of a large number of audience, and it is especially so if you are facing people of the same occupation since this is the basically required virtue. Common expressions at the beginning of a speech are as follows:

pāozhuān-yǐnyù: to cast a brick to attract jade

Example: Wǒ xiān jiǎng jǐ jù, pāozhuān-yǐnyù. (Let me cast a brick to attract jade by saying a few words first so that others may come up with valuable opinions.)

bānmén-nòngfǔ: to display one's slight skill (scanty knowledge) before an expert

Example: Zài gèwèi zhuānjiā miànqián tán zhè ge wèntí, shízài shì bānmén-nòngfǔ. It is indeed a show off of my scanty knowledge to talk about this question before you experts.

dǒudǎn: to venture

Example: Wǒ dǒudǎn de tán yì tán wǒ gèrén de yìdiǎn kànfǎ. I venture to share with you some of my humble opinions.

Huānyíng hángjia (zhuānjiā) pīpíng zhǐzhèng: Comments from professionals (experts) are welcome.

Hěn gāoxìng yǒu zhèyàng yí ge jīhuì xiàng... qiújiào: Very glad to have the opportunity to seek advice from...

▶ 4. 科举考试 Imperial examinations

从隋朝开始，一直到清朝，中国实行一种通过考试选拔官吏的制度。考试的第一名称为“状元”，有文状元和武状元两种。通过这种制度，许多贫贱的但有知识和能力的平民被选拔到领导岗位上来，巩固了封建社会的统治；但是，由于封建统治者还希望利用这种制度宣传儒家的思想，巩固封建统治，因此它也成为禁锢广大知识分子的一种枷锁，不少人一辈子都在考试，成为十足的书呆子。

It was a system of selecting officials through examinations which China had been practicing from the Sui Dynasty all the way to the Qing Dynasty. The highest scorer of the examination was called "Number One Scholar", and there were "Number One Scholar of civil affairs" and "Number One Scholar of military affairs". Many poor and lowly civilians who had knowledge and ability were chosen for leading positions through the system. As a result, the rule of feudal society was consolidated. However, the feudal rulers also hoped to make use of the system to publicize Confucianism so as to further consolidate their feudal rule. Therefore, the system became a sort of yoke which seriously confined intellectuals. Many people spent their entire life on examinations hence became downright bookworms.

▶ 5. 保送优秀生
Recommending outstanding students for admission to a higher level school

在中国，成绩优秀、表现突出的学生往往可以被“保送”到更高一级的学校上学，而不用通过必须的考试。比如，从初中保送到某重点高中，从高中保送到某大学，从大学保送到国外留学等。

In China, students who are excellent in studies can often be recommended for admission to schools of higher learning without taking entrance exams. For instance, they can be recommended for admission to key senior high school from junior high school, from senior high school to universities or from universities to overseas universities for further study.

四、练习 Exercises

(一) 选词填空 Choose the Proper Word for Each Blank

A 日益	B 光宗耀祖	C 免得	D 渊博	E 弊端	F 普及	G 班门弄斧

1. 过去考试是为了 ______________。
2. 科举考试选拔了不少优秀的人才，也存在许多 ______________。
3. 刘教授的知识非常 ______________。
4. 随着社会的进步，家长们对素质教育的要求 ______________强烈。
5. 我怎么敢 ______________，在您面前谈哲学呢？
6. “沉默是金”意思是说少说话，______________话说多了失言。
7. 在不久的将来，小汽车在中国会很快 ______________的。

(二) 判断练习 True or False

1. 在重要的场合，重要的人物讲话一般只能代表个人。 ☐
2. 在开学术会议时，专家在讲话时喜欢代表学校或者研究所。 ☐

3. 中国人喜欢听谦虚一些的宣传。 □
4. “抛砖引玉”是一种谦虚的表示。 □
5. 因为可以向专家学习，因此，中国人喜欢班门弄斧。 □
6. 中国现在还在实行科举考试。 □
7. 成绩好就可以成为“保送生”。 □

（三）语义语境判断

Choose the Corresponding Occasion for Each of the Following Sentences

1. 我抛砖引玉，先讲几句。
   A. 讲话的开头。 B. 听了别人的讲话以后。
   C. 不太想讲话的时候。 D. 觉得自己讲得比别人差的时候。
2. 以上观点只是我个人的一点想法，不对的地方，欢迎大家批评。
   A. 在作学术报告的时候。 B. 代表自己的领导讲话。
   C. 重要人物讲话的开头。 D. 跟人辩论的时候。
3. 我这么做实在是班门弄斧。
   A. 在行家面前表现。 B. 在最优秀的人物面前表现。
   C. 在喜欢批评的人面前表现。 D. 在一般观众面前表现。
4. 欢迎大家参观，并且提出宝贵意见。
   A. 商店主人对顾客说的话。 B. 某组织或机构领导对同行说的。
   C. 对领导说的。 D. 对比自己地位高很多的人说的。

五、阅读材料 Reading Material

汉字的演变

汉字是至今通行的最古老的文字。在几千年使用汉字的过程中，为了记录语言、相互交际，中国古人在不断地改进着汉字的书写形体。中国现在发现最早的文字是刻在龟甲和兽骨上的，所以叫甲骨文，距今已经有3000多年的历史。从甲骨文发展到今天，经过了金文、大篆、小篆、隶书、草书、楷书、行书等几个演变阶段。这几种字体的通行时间并非有前后明显的划分，而是存在并行或交叉的情况。

甲骨文是中国殷商时代的文字，只有少数卜人史官使用。它主要是用刀刻写在龟甲兽骨上。由于龟甲兽骨坚硬，所以笔画以直折为主，很少圆转。因为用尖刀雕刻，所以线条细而均匀。甲骨文是现在发现的最早的汉字，具有早期汉字的特点：图画性强，写法上没有定型，大小不一，随意性大。

金文又叫钟鼎文，它是铸刻在青铜器上的文字。它从中国商朝后期开始在青铜器上出现，至西周时发展起来。金文的形体和结构同甲骨文非常相近，基本上是一种字形。因为金文是把字刻在模子上再浇铸而成，比较容易写，所以它的笔画特点是：字形圆转，大小均匀，象形性比甲骨文有所降低，字的定型性有所提高，但还有较多的异体字。

到春秋战国时期，中国社会经历巨大变革，经济文化蓬勃发展，文字应用也越来越广泛。这时的文字趋向简化，各诸侯国因不相统一而形成“言语异声，文字异形”的情况，大体上秦国用大篆，六国用“六国古文”。六国古文也是一种“篆”。篆的意思就是把笔画拉长，成为一种柔婉美化的长线条。公元前221年，秦始皇统一中国，在全国范围内规定通行简化后的标准字形，这就是小篆。因为它是正式颁行的统一字体，经过整理、简化，所以异体字大量减少，且字形呈长方，奠定了汉字“方块形”的基础。小篆笔画更加匀称整齐，线条粗细一致，更加圆转，符号性增强了，图画意味大大消失了。因为小篆在大篆的基础上简化而成，一般说小篆是大篆的简体。

隶书产生于秦代，盛行于汉代。在秦代，隶书与小篆并行，是书隶日常抄录公文的便捷字体。小篆难写，不能适应秦代公文往来的需要，多用在比较正规的场合。为了便于快捷地书写，隶书将小篆圆转均匀的线条变成方折平直粗细有致的笔画；将小篆纵长内聚的结体风格变为横扁舒展。隶书对汉字字体的改变是巨大的，因此，“隶变”就成了古今汉字的分界。小篆以前的汉字为古汉字。它们共同的特点是象形性强，定型性差，字由线条构成，没有形成构字的元素——笔画。隶书以后的汉字为今汉字。今汉字的特点是符号性强，定型性强，字由种类有限的笔画构成。汉代隶书取代小篆成为正式的书写体，也称为“汉隶”。

隶书后来又演变成草书。这是一种隶书的快写体，它发展成为独立字体，大约始于东汉。与草书同时兴起的还有楷书，又名“正书”或“真书”，产生于汉末，盛于魏、晋、南北朝，成熟于唐代，一直沿用到今天。它完全清除了隶书中残存的小篆的影响，形成了完善的笔画系统。楷书的特点是：形体方正，横平竖直，笔画清楚。至今成为汉字通用字体。最后出现于东汉末年的一种字体是行书。行书是楷书的快写体，介于草、楷之间，既不像草书潦草，也不像楷书工整。行书笔画连绵呼应，字字独立，写得快，认得清，是人们常用的手写体，它和楷书一样并行使用至今。

从甲骨文、金文、篆书、隶书、草书、楷书、行书七种汉字的演变过程，可以看出汉字字形的变化趋势是由繁到简，每一种新字形的出现，都改变着前一种字形难写、难记的特点，同时，汉字也不断趋于定型化、规范化。汉字是中华文明重要的组成部分，它承载了中国几千年的历史，也是从古到今中国人进行沟通的重要手段。由汉字衍生出来的书法艺术，更是中华文明的瑰宝。

第六课　筹划接待

一、课文　Text

（一）布置办公室

[在杜乐办公室]

杜　乐： 林小姐，请坐。现在交给你一个任务，总部下个月来人，来的是最高级别的“老板”，是我的老板的老板。

林小姐： 海因斯先生要来了？

杜　乐： 对。请你找人商量一下，买点绘画作品，设计一些工艺品，把我们的办公室装扮布置一下。注意，有三点要求：一是要跟教育和艺术有关系；二是要符合爱都的理念；三是要有中国特色。整个风格嘛，要简洁，有新意，但是也要高雅，有品位。

林小姐： 好，我想出好的方案就跟您汇报。

[林小姐跟装饰公司的职员谈话]

林小姐： 这些都是跟中国教育有关系的图片，有的是现成的照片，有的是根据古代教育故事做的图片，还有的是国际上关于教育的最新宣传画。请你们将这些画全部装裱起来，挂在爱都的办公室里。

职　员：全部都装裱起来吗？林小姐，依我看，这些放大的照片如果用木相框镶起来，可能更好看。

林小姐：我们需要有中国的特色，用相框装起来是不是就缺少中国的特色了？

职　员：不一定，我们用红木相框装起来，会很有品位的。

林小姐：那好，就照你说的办。另外，我们需要找到一尊孔子的雕像，放在我们办公室的大门口。

职　员：要什么材料的？泥的、陶的，还是木头的？

林小姐：木头的吧。需要大一点儿的。

[林小姐与书法家郑先生谈话]

郑先生：林小姐，你要我写的几幅字已经写好了。

林小姐：我看看。哇，郑先生的书法真是名不虚传呀！这几幅字写得真好，结构平稳，遒劲有力。郑先生，您一定上过私塾吧？

郑先生：私塾没有上过，不过我的老师教过私塾。

林小姐：那您能不能告诉我一些最能代表古代中国人教育方面的格言呀？

郑先生：那太多了。比方说："诲人不倦"，"三人行必有我师"，"一日为师，终身为父"等。

林小姐："一日为师，终身为父"，当老师多么受人尊敬啊！

（二）安排考察活动

[杰克拜访某希望工程小学凡校长]

杰　克：凡校长，我们的董事长下个月要来北京考察，我们想安排参观你们学校，希望不会打扰你们的工作。

校　长：哪里的话，我们感谢爱都对我们提供的无偿援助，董事长来了，我们一定尽全力接待。

杰　克：听说你们学校的教育搞得非常有特色，特别是培养了孩子们丰富多样的业余爱好，不知道孩子们在课外都学习了哪些内容？

校　长：我们有专门的课外活动教师，他们有搞音乐的，有搞美术的。音乐课主要讲授各种乐器的演奏方法，特别是中国民间乐器的演奏方法，比如二胡、琵琶、古筝等；美术课主要讲授油画、中国书法和国画。我们还有各种体育项目。

杰　克：那太好了，到时候可不可以安排一次表演呀？

校　长：当然可以。可否告诉我们需要哪些方面的表演，是不是以中国民族风格的为主？

杰　克：那是当然的。听说你们的小学生合唱团也很有名，而且还得了全国少儿合唱比赛的大奖。是不是也可以包括这方面的内容？

校　长：可以。这样吧，我们明天给您提供一个节目单，您根据需要选择吧。

杰　克：那更好。到时候为了表示感谢，我们会给孩子们一点儿小礼品的。

校　长：不用，那样就见外了。你们喜欢就是对我们最大的奖励。

[杰克在办公室约见风光京剧团的冯团长]

杰　克：哟，冯团长，不知您来得这么早，有失远迎。

团　长：杰克，很高兴为您服务。不知您叫我来有什么吩咐？

杰　克：岂敢，岂敢。你已经知道了，我们董事长一行下个月来北京考察，我们准备搞一个招待会，招待各界朋友。到时候需要请你们准备几个节目。

团　长：好说好说。我们风光京剧团就是专门为外国人表演京剧的。经过这么多年的演出活动，我们大概知道一点外国人都喜欢什么样的节目。

杰　克：这正是我要找您商量的内容。您觉得什么样的节目比较合适？

团　长：因为外国人不懂演员唱的什么内容，所以他们喜欢舞蹈动作多一些的，化装花样多一些的，情节性强一些的。

杰　克：比方说？

团　长：比方说，猴王戏，武打的戏，有各种各样的行当一起参加的戏。对于一些唱得太多或者说得太多的戏，刚听京剧的外国人接受不了。

杰　克：那好，就演猴王戏。是不是还可以表演一些中国功夫？还有比如杂技和口技等节目，不知道你们是不是也可以提供？

团　长：没问题。

杰　克：不知道你们会来多少演员？

团　长：加上乐队，一共三十多人吧。

杰　克：您看报酬怎么给？

团　长：我下午叫我的秘书给您一个报价，您看了以后，我们再联系。价格问题好商量。

（三）准备礼品

[杰克召集爱都部分职员开会，讨论给考察团成员的礼品问题。]

杰　克： 我们讨论一下给海因斯他们准备一些什么礼品，他们到中国来一趟，走的时候应该带一些纪念品呀。大家有什么好主意？

林小姐： 丝绸不错，中国的丝绸世界闻名。

简　尼： 我也有个主意，不知道行不行。

杰　克： 快说。有什么好主意？

简　尼： 找两个有名的书法家写几幅字，或者找画家画几张国画，我看也挺不错的。

杰　克： 而且这些国画、书法都和教育有关系。

林小姐： 好主意。我们给每个人取一个中文名字，然后刻成印章送给他们。

杰　克： 对。最好把这些印章装在文房四宝的盒子里，有笔、墨、纸、砚，再配上印泥。

好了。现在我分配任务。老赵负责去购买文房四宝和选择印章的石料，林小姐负责给考察团的成员取名字和找书法家、画家、篆刻家。注意，书法家不一定很有名，但是必须有特点；画家嘛，更不要太有名的，因为太有名了我们买不起，但是他的画必须既有中国特色，又有现代意识；篆刻嘛，我就不懂了，你自己决定。

老　赵： 我推荐一个篆刻高手，就在我们这个大楼的旁边。

林小姐： 太好了，你带我去看一看。

简　尼： 中国画最好要现代一点儿的。我的朋友帕西常和中国画家打交道，她买的画很有意思。

林小姐：这样吧，简尼，请你把帕西的电话告诉我，我找她给我介绍一下。

简　尼：没问题。不过，她下个星期才从香港回来。

杰　克：下个星期还来得及。

* *

（一）Bùzhì Bàngōngshì

[Zài Dùlè bàngōngshì]

Dùlè: Lín xiǎojiě, qǐngzuò. Xiànzài jiāogěi nǐ yí ge rènwu, zǒngbù xià ge yuè lái rén, láide shì zuì gāo jíbié de “lǎobǎn”, shì wǒ de lǎobǎn de lǎobǎn.

Lín xiǎojiě: Hǎiyīnsī xiānsheng yào lái le?

Dùlè: Duì. Qǐng nǐ zhǎo rén shāngliang yíxià, mǎi diǎn huìhuà zuòpǐn, shèjì yìxiē gōngyìpǐn, bǎ wǒmen de bàngōngshì zhuāngban bùzhì yíxià. Zhùyì, yǒu sān diǎn yāoqiú: Yī shì yào gēn jiàoyù hé yìshù yǒu guānxi; Èr shì yào fúhé Àidū de lǐniàn; Sān yào yǒu Zhōngguó tèsè. Zhěnggè de fēnggé ma, yào jiǎnjié, yǒu xīnyì, dànshì yě yào gāoyǎ, yǒu pǐnwèi.

Lín xiǎojiě: Hǎo, wǒ xiǎng chū hǎo de fāng'àn jiù gēn nín huìbào.

[Lín xiǎojiě gēn zhuāngshì gōngsī de zhíyuán tánhuà]

Lín xiǎojiě: Zhèxiē dōu shì gēn Zhōngguó jiàoyù yǒu guānxi de túpiàn, yǒude shì xiànchéng de zhàopiàn, yǒude shì gēnjù gǔdài jiàoyù gùshi zuò de túpiàn, hái yǒude shì guójì shang guānyú jiàoyù de zuìxīn xuānchuánhuà. Qǐng nǐmen jiāng zhèxiē huà quánbù zhuāngbiǎo qǐlái, guà zài Àidū de bàngōngshì lǐ.

Zhíyuán: Quánbù dōu zhuāngbiǎo qǐlái ma? Lín xiǎojiě, yī wǒ kàn, zhèxiē fàngdà de zhàopiàn rúguǒ yòng mù xiàngkuàng xiāng qǐlái, kěnéng gèng hǎokàn.

Lín xiǎojiě: Wǒmen xūyào yǒu Zhōngguó de tèsè, yòng xiàngkuàng zhuāng qǐlái shì bú shì jiù quēshǎo Zhōngguó de tèsè le?

Zhíyuán: Bù yídìng, wǒmen yòng hóngmù xiàngkuàng zhuāng qǐlái, huì hěn yǒu pǐnwèi de.

Lín xiǎojiě: Nà hǎo, jiù zhào nǐ shuō de bàn. Lìngwài, wǒmen xūyào zhǎodào yì zūn Kǒngzǐ de diāoxiàng, fàng zài wǒmen bàngōngshì de dà ménkǒu.

Zhíyuán: Yào shénme cáiliào de? Ní de, táo de, háishi mùtou de?

Lín xiǎojiě: Mùtou de ba. Xūyào dà yìdiǎnr de.

[Lín xiǎojiě yǔ shūfǎjiā Zhèng xiānsheng tánhuà]

Zhèng xiānsheng: Lín xiǎojiě, nǐ yào wǒ xiě de jǐ fú zì yǐjīng xiě hǎo le.

Lín xiǎojiě: Wǒ kànkan. Wā, Zhèng xiānsheng de shūfǎ zhēn shì míngbùxūchuán ya! Zhè jǐ fú zì xiě de zhēn hǎo, jiégòu píngwěn, qiújìng yǒulì. Zhèng xiānsheng, nín yídìng shàngguò sīshú ba?

Zhèng xiānsheng: Sīshú méiyǒu shàngguò, búguò wǒ de lǎoshī jiāoguo sīshú.

Lín xiǎojiě: Nà nín néng bù néng gàosu wǒ yìxiē zuì néng-dàibiǎo gǔdài Zhōngguórén jiàoyù fāngmiàn de géyán ya?

Zhèng xiānsheng: Nà tài duō le. Bǐfang shuō: “huì rén bú juàn”, “sān rén xíng bì yǒu wǒ shī”, “yí rì wéi shī, zhōngshēn wéi fù” děng.

Lín xiǎojiě: “Yí rì wéi shī, zhōngshēn wéi fù”, dāng lǎoshī duōme shòu rén zūnjìng a!

(二) Ānpái Kǎochá Huódòng

[Jiékè bàifǎng mǒu Xīwàng Gōngchéng xiǎoxué Fán xiàozhǎng]

Jiékè: Fán xiàozhǎng, wǒmen de dǒngshìzhǎng xià ge yuè yào lái Běijīng kǎochá, wǒmen xiǎng ānpái cānguān nǐmen xuéxiào, xīwàng bú huì dǎrǎo nǐmen de gōngzuò.

Xiàozhǎng: Nǎlǐ de huà, wǒmen gǎnxiè Àidū duì wǒmen tígōng de wúcháng yuánzhù, dǒngshìzhǎng lái le, wǒmen yídìng jìn quánlì jiēdài.

Jiékè: Tīngshuō nǐmen xuéxiào de jiàoyù gǎo de fēi-cháng yǒu tèsè, tèbié shì péiyǎngle háizimen fēngfù-duōyàng de yèyú àihào. Bù zhīdào háizi-men zài kèwài dōu xuéxíle nǎxiē nèiróng?

Xiàozhǎng: Wǒmen yǒu zhuānmén de kèwài huódòng

jiàoshī, tāmen yǒu gǎo yīnyuè de, yǒu gǎo měishù de. Yīnyuèkè zhǔyào jiǎngshòu gèzhǒng yuèqì de yǎnzòu fāngfǎ, tèbié shì Zhōngguó mínjiān yuèqì de yǎnzòu fāngfǎ, bǐrú èrhú, pípa, gǔzhēng děng; Měishùkè zhǔyào jiǎngshòu yóuhuà, Zhōngguó shūfǎ hé guóhuà. Wǒmen háiyǒu gèzhǒng tǐyù xiàngmù.

Jiékè: Nà tài hǎo le, dào shíhou kě bù kěyǐ ānpái yí cì biǎoyǎn ya?

Xiàozhǎng: Dāngrán kěyǐ. Kěfǒu gàosu wǒmen xūyào nǎxiē fāngmiàn de biǎoyǎn, shì bú shì yǐ Zhōngguó mínzú fēnggé de wéizhǔ?

Jiékè: Nà shì dāngrán de. Tīngshuō nǐmen de xiǎoxuéshēng héchàngtuán yě hěn yǒumíng, érqiě hái déle quánguó shào'ér héchàng bǐsài de dà jiǎng. Shì bú shì yě kěyǐ bāokuò zhè fāngmiàn de nèiróng?

Xiàozhǎng: Kěyǐ. Zhèyàng ba, wǒmen míngtiān gěi nín tígōng yí ge jiémùdān, nín gēnjù xūyào xuǎnzé ba.

Jiékè: Nà gèng hǎo. Dào shíhou wèile biǎoshì gǎnxiè, wǒmen huì gěi háizimen yìdiǎnr xiǎo lǐpǐn de.

Xiàozhǎng: Bú yòng, nàyàng jiù jiànwài le. Nǐmen xǐhuan jiùshì duì wǒmen zuì dà de jiǎnglì.

[Jiékè zài bàngōngshì yuējiàn Fēngguāng Jīngjùtuán de Féng tuánzhǎng]

Jiékè: Yō, Féng tuánzhǎng, bù zhī nín lái de zhème zǎo, yǒu shī yuǎn yíng.

Tuánzhǎng: Jiékè, hěn gāoxìng wèi nín fúwù. Bù zhī nín jiào wǒ lái yǒu shénme fēnfù?

Jiékè: Qǐgǎn, qǐgǎn. Nǐ yǐjīng zhīdào le, wǒmen dǒngshìzhǎng yìxíng xià ge yuè lái Běijīng kǎochá, wǒmen zhǔnbèi gǎo yí ge zhāodàihuì, zhāodài gè jiè péngyou. Dào shíhou xūyào qǐng nǐmen zhǔnbèi jǐ ge jiémù.

Tuánzhǎng: Hǎoshuō hǎoshuō. Wǒmen Fēngguāng Jīngjùtuán jiùshì zhuānmén wèi wàiguórén biǎoyǎn Jīngjù de. Jīngguò zhème duō nián de yǎnchū huódòng, wǒmen dàgài zhīdào yìdiǎn wàiguórén dōu xǐhuan shénmeyàng de jiémù.

Jiékè: Zhè zhèng shì wǒ yào zhǎo nín shāngliang de nèiróng. Nín juéde shénmeyàng de jiémù bǐjiào héshì?

Tuánzhǎng: Yīnwèi wàiguórén bù dǒng yǎnyuán chàng de shénme nèiróng, suǒyǐ tāmen xǐhuan wǔdǎo dòngzuò duō yìxiē de, huàzhuāng huāyàng duō yìxiē de, qíngjiéxìng qiáng yìxiē de.

Jiékè: Bǐfang shuō?

Tuánzhǎng: Bǐfang shuō, Hóuwáng xì, wǔdǎ de xì, yǒu gèzhǒng-gèyàng de hángdang yìqǐ cānjiā de xì. Duìyú yìxiē chàng de tài duō huòzhě shuō de tài duō de xì, gāng tīng Jīngjù de wàiguórén jiēshòu bù liǎo.

Jiékè: Nà hǎo, jiù yǎn Hóuwáng xì. Shì bú shì hái kěyǐ biǎoyǎn yìxiē Zhōngguó gōngfu? Háiyǒu bǐrú záji hé kǒuji děng jiémù, bù zhīdào nǐmen shì bú shì yě kěyǐ tígōng?

Tuánzhǎng: Méi wèntí.

Jiékè: Bù zhīdào nǐmen huì lái duōshao yǎnyuán?

Tuánzhǎng: Jiāshàng yuèduì, yígòng sānshí duō rén ba.

Jiékè: Nín kàn bàochou zěnme gěi?

Tuánzhǎng: Wǒ xiàwǔ jiào wǒ de mìshū gěi nín yí ge bàojià, nín kànle yǐhòu, wǒmen zài liánxì. Jiàgé wèntí hǎo shāngliang.

（三）Zhǔnbèi Lǐpǐn

[Jiékè zhāojí Àidū bùfen zhíyuán kāihuì, tǎolùn gěi kǎochátuán chéngyuán de lǐpǐn wèntí.]

Jiékè: Wǒmen tǎolùn yíxià gěi Hǎiyīnsī tāmen zhǔnbèi yìxiē shénme lǐpǐn, tāmen dào Zhōngguó lái yí tàng, zǒu de shíhou yīnggāi dài yìxiē jìniànpǐn ya. Dàjiā yǒu shénme hǎo zhǔyi?

Lín Xiǎojiě: Sīchóu bú cuò, Zhōngguó de sīchóu shìjiè wénmíng.

Jiǎnní: Wǒ yě yǒu ge zhǔyi, bù zhīdào xíng bù xíng.

Jiékè: Kuài shuō. Yǒu shénme hǎo zhǔyi?

Jiǎnní: Zhǎo liǎng ge yǒumíng de shūfǎjiā xiě jǐ fú zì, huòzhě zhǎo huàjiā huà jǐ zhāng guóhuà, wǒ kàn yě tǐng búcuò de.

Jiékè: Érqiě zhèxiē guóhuà, shūfǎ dōu hé jiàoyù yǒu guānxi.

Lín Xiǎojiě: Hǎo zhǔyi. Wǒmen gěi měi ge rén qǔ yí ge Zhōngwén míngzi, ránhòu kèchéng yìnzhāng sònggěi tāmen.

Jiékè: Duì. Zuì hǎo bǎ zhèxiē yìnzhāng zhuāngzài wénfángsìbǎo de hézi lǐ, yǒu bǐ, mò, zhǐ, yàn, zài pèishàng yìnní.

Hǎo le. Xiànzài wǒ fēnpèi rènwu. Lǎo Zhào fùzé qù gòumǎi wénfángsìbǎo hé xuǎnzé yìnzhāng de shíliào, Lín xiǎojiě fùzé gěi kǎochátuán de chéngyuán qǔ míngzi hé zhǎo shūfǎjiā, huàjiā, zhuànkèjiā. Zhùyì, shūfǎjiā bù yídìng hěn yǒumíng, dànshì bìxū yǒu tèdiǎn; Huàjiā ma, gèng bú yào tài yǒumíng de, yīnwèi tài yǒumíngle wǒmen mǎibùqǐ, dànshì tā de huà bìxū jì yǒu Zhōngguó tèsè, yòu yǒu xiàndài yìshí; zhuànkè ma, wǒ jiù bù dǒng le, nǐ zìjǐ juédìng.

Lǎo Zhào: Wǒ tuījiàn yí ge zhuànkè gāoshǒu, jiù zài wǒmen zhège dàlóu de pángbiān.

Lín Xiǎojiě: Tài hǎo le, nǐ dài wǒ qù kàn yí kàn.

Jiǎnní: Zhōngguóhuà zuì hǎo yào xiàndài yìdiǎnr de. Wǒ de péngyou Pàxī cháng hé Zhōngguó huàjiā dǎ jiāodao, tā mǎi de huà hěn yǒu yìsi.

Lín Xiǎojiě: Zhèyàng ba, Jiǎnní, qǐng nǐ bǎ Pàxī de diànhuà gàosu wǒ, wǒ zhǎo tā gěi wǒ jièshào yíxià.

Jiǎnní: Méi wèntí. Búguò, tā xià ge xīngqī cái cóng Xiānggǎng huílái.

Jiékè: Xià ge xīngqī hái láidejí.

二、生词注释 New Words

1 **工艺品** gōngyìpǐn handicraft article; handicraft

2 **理念** lǐniàn concept

例句：（1）“只有不会教的老师，没有教不会的学生”是我们的办学理念。It's the concept of our school that “There are teachers who are not good at teaching, but there are no students who can't learn well.”

（2）这个国际组织的理念不符合时代的要求。The concept of this international organization doesn't meet the requirements of the times.

3 **品位** pǐnwèi taste

例句：（1）从衣着并不能看出一个人的品位。Clothing alone can't reveal one's taste.

（2）办公室的装饰经过精心的设计，显示了这个公司的品位。The office decoration, meticulously designed, shows the taste of the company.

4 **（装）裱** (zhuāng) biǎo to mount (calligraphic works and paintings)

例句：（1）琉璃厂有很多的书画装裱店。There are many mounting shops in Liulichang.

（2）请把这幅字拿去裱一下。 Please have this calligraphy work mounted.

5 **镶** xiāng to inlay

6 **孔子** Kǒngzǐ Confucius (a great thinker, educator, philosopher and political theorist of ancient China, founder of Confucianism)

7 **陶** táo pottery

8 **名不虚传** míng bù xū chuán to live up to one's name

9 **遒劲有力** qiújìng yǒulì powerful

10 **考察** kǎochá inspection

例句：（1）代表团将去西部考察一个星期。The delegation will travel to the west for a week on an inspection trip.

（2）经过考察，我们认为投资的时机已经成熟。After the inspection trip, we believe that the time is ripe for investment.

11 **二胡** èrhú erhu (two-stringed bowed instrument)

12 琵琶 pípa pipa (Chinese string musical instrument)

13 古筝 gǔzhēng guzheng (zither-like plucked musical instrument)

14 有失远迎 yǒu shī yuǎn yíng sorry for not being able to greet you

例句：（1）不知道有贵客到，有失远迎。I don't know I have distinguished visitors. Sorry for not being able to greet you.

（2）对不起，刘局长，我刚送走一个客人，没有去门口迎接您，有失远迎。Sorry, Director Liu. I just saw a guest off. Sorry for not being able to greet you at the gate.

15 行当 hángdang type of role (in traditional Chinese operas)

16 杂技 zájì acrobatics

17 口技 kǒujì vocal mimicry

18 报价 bàojià offer

例句：（1）经过比较，我们认为这个报价太高，不能接受。After comparison, we think your offer is too high to accept.

（2）你们的报价，我们先研究一下再回答你们。We'll get back to you after we study your offer.

三、背景知识 Background Information

1. 关于中国书法 About Chinese calligraphy

汉字的书写是一门艺术。书法是用特殊的书写工具——毛笔写成的。常见的书法字体有正书（也叫楷书）、行书、草书、隶书、篆书几种。正书端端正正，如正人君子；行书如行云流水；草书如龙飞凤舞；隶书平稳典雅；篆书古雅难认，适合篆刻艺术。由于书写的特点不同，同一种字体的书法形成各种不同的风格。比如，楷书就有颜体、柳体、欧体、苏体、赵体等不同的体式。这些体式表现出不同的美学特色而为世人喜爱。书法的练习是长期的艰苦的过程，传说晋代大书法家王羲之写完字后就在家旁的池水中涮笔，时间长了，他家旁边的水池变成了"墨池"。

Writing Chinese characters can be an art form. Writing brush is the special tool for calligraphy. Common scripts of Chinese characters are regular script, running script, cursive hand, official script and seal character. Regular script is like a well-disciplined gentleman; running script is characterized by natural grace; cursive hand is flamboyant; official script is steady and elegant; seal character features ancient grace hence it is hard to be identified, yet it is suitable for seal carving. As people have varied ways of writing, there are different styles of calligraphy even for one script. Take regular script as an example, there are Yan style, Liu style, Ou style, Su style and Zhao style, etc. People love these styles because they show different aesthetic features. Calligraphy practice is a long-term and arduous process. Legend has it that the renowned calligrapher Wang Xizhi of the Jin Dynasty washed his writing brush in the pond near his home whenever he finished writing. As time passed by, the pond became an "ink pond".

▶ 2. 迎送风俗 The custom of meeting and seeing off people

客人来访，主人有迎来和送往的习惯，迎送的远近表明主人对客人的热情程度。客人要走了，主人很忙，必须说明不能远送的原因，如果在客人离开时一声不吭或者用简单生硬的语气说“不送”，那是非常无礼的表示，说明主人对客人的厌恶。这种风俗反映在语言上，有很多的常用语。比如：“有失远迎”，“不知道您来，没有去迎接您”，“我送您下楼（到门口/上车）”，“恕不远送”，等等。

When people have visitors, they always greet them when they come and see them off when they leave. The distance the hosts go when greeting and seeing off people shows their degree of hospitality to the guests. If the hosts are busy while the guests are leaving, the hosts must explain the reasons why they can't see them off. It is very impolite if the hosts say nothing or only say bluntly "I'll not see you off this time" when the guests are leaving, because this shows the hosts' dislike towards the guests. There are many commonly used expressions when it comes to greeting and seeing off people, such as "Sorry for not being able to greet you", "Sorry I didn't come to greet you because I didn't know you were coming", "I'll see you off downstairs (to the doorway / to get on the car)", "Excuse me for not seeing you off any further", etc.

▶ 3. 京剧与行当 Beijing Opera and types of role

京剧是中国传统的民族艺术，已经有两百多年的历史了。京剧在表演技巧上“唱、念、做、打”并重。京剧的角色分为生、旦、净、末、丑。生，是男角色，按年龄分为老生和小生，以武功表演为主的叫“武生”；“旦”是女性角色，有青衣、花旦、武旦、老旦等，著名的京剧表演艺术家梅兰芳多表演青衣和花旦；“净”是花脸，这种角色化装时用各种颜色画在脸上，被人反其意称为“净”；“末”是老生行当中的次要角色；“丑”就是丑角，一般性格开朗，逗人发笑。

Having a history of over 200 years, Beijing Opera is a traditional and national art of China. In terms of performing skills, "singing, recitation, acting and acrobatics" share equal importance. There are five types of role, male role, female role, painted face role, middle-aged man, and comic role. Under male role, there are old man and young man according to their age, and actor who plays martial role. Under female role, there are *qingyi* (portraying faithful wives, chaste women, maidens in distress or poverty but noble in character), *huadan* (portraying a woman of questionable morals who are bold, seductive, and charming), *wudan*, actress who plays martial role, and *laodan* elderly woman, etc. Famous Beijing Opera artist Mei Lanfang mainly played *qingyi* and *huadan*. A painted face uses various colors when doing facial make-up, however this role is called *jing* (clean) in Chinese. *Mo*, the role of middle-aged man is a secondary role under the male role. *Chou*, a clown is generally an easy-going and funny figure.

▶ 4. 中国的丝绸 Chinese silk

蚕丝起源于中国，丝绸是中国最古老的传统手工业产品之一。早在距今四千年的商代就产生了反映蚕丝的文字符号。唐代是中国丝绸工业的繁盛时代，主要产地集中在江南地区，“缭绫”和“红线毯”是当时富有盛名的产品。明清以来，有钱人穿着绫罗绸缎是地位和身份的象征；另一方面，丝绸的制作也日益朝着工艺品的方向发展，丝绸成为高档的饰品和赠送礼物。

Originated in China, silk is one of the oldest traditional handicraft products in China. There appeared the ideogram which symbolizes silk as early as the Shang Dynasty some 4000 years ago. China's silk industry was at its height during the Tang Dynasty, with the main producing areas being south of the Yangtze River. "Liao silk" and "red thread blanket" were well-known products at that time. Since the Ming and Qing dynasties, it has become the symbol of position and status for the rich people to wear silks and satins. Moreover, silk production has developed towards the direction that it increasingly became some kind of fine handicraft, top grade ornaments and gifts.

▶ 5. 文房四宝 Four treasures of the study

书法使用的毛笔、墨、宣纸和砚台称为文房四宝。最有名的毛笔是湖笔，产地在浙江湖州；最有名的墨是徽墨，产地在安徽；最有名的宣纸也出自安徽；最有名的砚池是端砚，产地在广东肇庆市。

Four treasures of the study refer to writing brush, ink stick, Xuan paper and ink slab. The most famous writing brush—Hu writing brush is made in Huzhou of Zhejiang Province. The most famous ink stick—Hui ink stick is made in Anhui Province. The most famous Xuan paper also comes from Anhui Province. The most famous ink slab, Duan ink slab is made in Zhaoqing of Guangdong Province.

四、练习 Exercises

（一）选词填空 Choose the Proper Word for Each Blank

A 装裱	B 名不虚传	C 考察	D 品位	E 有失远迎	F 行当

1. 不知道您这么快就到了，__________。
2. 这么好的书法有保存价值，应该拿去__________一下。
3. 董事会经过两周对中国几大城市的__________，决定开展大规模的投资。
4. 京剧有生、旦、净、末、丑五个__________。
5. 到了景德镇，才知道那里的瓷器__________。
6. 模特不仅要有好身材，而且也要有很好的修养，修养高了，才有__________。

（二）判断练习 True or False

1. 中国最有名的宣纸产在浙江。 ☐
2. 安徽出产中国最有名的墨和宣纸。 ☐
3. 最有名的毛笔产在浙江，叫湖笔。 ☐
4. 中国是丝绸的起源国。 ☐
5. 丝绸产生于唐代。 ☐
6. 京剧有生、旦、净、末、丑几个行当。 ☐
7. 王羲之是晋代有名的书法家。 ☐

（三）选择练习 Make Choices

① 选择对应的书法体
Choose the corresponding word for each of the following descriptions

1. 端端正正，如正人君子。
2. 如行走一样，流畅自然。
3. 龙飞凤舞，像人在奔跑。
4. 平稳典雅。
5. 古雅难认，适合篆刻艺术。

（被选的词语：篆书　隶书　正书　草书　行书）

② 选择对应的京剧行当
Choose the corresponding word for each of the following descriptions

1. 京剧中的中老年男子，剧中的主要角色。
2. 年轻的男子。
3. 京剧中会武功的男子。
4. 年轻漂亮的女性。
5. 脸上化装非常浓的男子。
6. 逗人发笑的角色。

（被选的词语：武生　小生　老生　净　丑　花旦或青衣）

③ 下面情景下说什么
What do people say under the following circumstances

1. 客人从远方来，主人在门口迎候。
2. 客人要走了，因为忙，主人不能远送。
3. 电话中老朋友告诉你他的飞机晚上 8 点到达。
4. 客人离开时，主人要送别客人。

五、阅读材料 Reading Material

孔子的教育思想

孔子（前551–前479）是中国古代伟大的思想家、教育家，儒家学派的创始人，是中国教育史上第一个将毕生精力贡献给教育事业的人，他对后世的教育活动产生了深远的影响。在四十余年的教学生涯中，孔子不仅培养了众多的学生，而且积累了丰富的教育思想。

孔子重视教育的作用，认为教育在人的发展过程中起关键作用。他在中国历史上首次提出"性相近也，习相远也"。这一理论具有一定的科学性，指出人的天赋素质相近，打破了奴隶主和贵族天赋比平民高贵、优越的思想。这个较为科学的命题，既是孔子"有教无类"的理论基础，又是孔子长期从事教育工作的总结。

孔子的教育对象比较广泛，提倡"有教无类"。春秋以前教育是贵族之学，有资格接受教育的是王公贵族的子弟。作为平民是没有资格入学接受教育的。孔子创办私学后，首先在招生对象上进行了相应的改革，实行"有教无类"的办学方针，其本意就是：不分贵贱贫富和种族，人人都可以入学受教育。这是孔子教育实践和教育理论的重要组成部分。

孔子教育的基本目的是培养"君子"，即：既能辅助统治者施政，同时也是"志于道"、"谋于道"、能够"喻义"、讲求道德的人。孔子的教学内容包括道德教育、文化知识和技能技巧的培养三个部分。这是孔子在教学内容发展史上的贡献。孔子对这三方面的教学安排不是等量齐观的，他认为"行有余力，则以学文"，把道德和道德教育放在首位，为三者的重心，这也是孔子教育思想的核心。

孔子在教育实践的基础上，创造了因材施教的方法，并作为一个教育原则，贯穿于日常的教育工作之中。他是中国历史上第一个运用因材施教方法的教育家，也是他在教育上获得成功的重要原因之一。实行因材施教的前提是承认学生间存在个体差异，通过了解学生的特点，实施有针对性的教学指导。孔子了解学生最常用的方法有两种，一是通过谈话，有目的地找学生个别谈话，或者聚众而谈；二是个别观察，他通过多方面观察学生的言行举止，由表及里地洞察学生的精神世界。他在考察人的方面积累了很多经验，认为不同的事务不同的情境都可以考察人的思想品质。

孔子在教学中把“学而知之”作为根本的指导思想，他的“学而知之”就是说：学是求知的唯一手段，知是由学而得的。学，不仅是学习文字上的间接经验，而且还要通过见闻获得直接经验，两种知识都需要。孔子重视学，也重视思，主张学思并重，思学结合。他在论述学与思的关系时说：“学而不思则罔，思而不学则殆。”既反对思而不学，也反对学而不思。孔子还强调学习知识要“学以致用”，要将学到的知识运用于社会实践之中。

孔子采取启发诱导、循序渐进的教学方法来引导学生学习。在对学生教学前，先让学生认真思考，已经思考相当时间但还想不通，然后可以去启发他；虽经思考并已有所领会，但未能以适当的言辞表达出来，此时可以去开导他。教师的启发是在学生思考的基础上进行的，启发之后，应让学生再思考，获得进一步的领会。

孔子为后世的教师树立了六个方面的典范：第一，学而不厌，教师要尽自己的社会职责，应重视自身的学习修养，掌握广博的知识，具有高尚的品德，这是教人的前提条件；第二，温故知新，教师既要了解掌握过去的政治、历史知识，又要借鉴有益的历史经验认识当代的社会问题，知道解决的办法；第三，诲人不倦，孔子的学生有的品德很差，起点较低，或屡犯错误，他不嫌弃，耐心诱导，造就成才；第四，以身作则，孔子对学生的教育，不仅有言教，更注重身教，通过严以责己，以身作则来感化学生；第五，教学相长，孔子认识到教学过程中教师对学生不是单方面的知识传授，而是可以教学相长的。他在教学活动中为学生答疑解惑，经常共同进行学问切磋，不但教育了学生，也提高了自己。孔子是中国历史上教师的光辉典范，他所体现的“学而不厌，诲人不倦”的教学精神，已成为中国教师的优良传统。

孔子一生的主要言行，由他的弟子和再传弟子整理编成《论语》一书，成为后世儒家学派的经典。

第七课　接待考察团

一、课文　Text

（一）接风酒会

[教育部国际合作司张司长设宴招待海因斯一行]

张司长： 各位，请入席。

今天我们非常高兴，这么多朋友欢聚在一起。我们教育部国际合作司在这儿设宴，欢迎爱都董事会一行，为大家接风洗尘。

首先，我来介绍一下参加今天宴会的朋友和客人。

这位是爱都组织董事长海因斯先生，海因斯先生是我们多年的朋友，他一直在为中国教育事业的发展出谋献策。

这位是杜乐先生，他是爱都驻中国的代表，我们的老熟人了。

坐在我右边的这位是李宏大先生，是中国教育交流协会的会长。

[各人互递名片，介绍自己]

张司长： 我们请海因斯先生先讲几句。

海因斯： 谢谢。我们爱都组织在中国开展工作已经有好几个年头了，这些年来，我们的工作得到了在座各位的大力支持，在此，我代表爱都董事会向中国政府和各界朋友表示感谢。中国是世界上有影响的大国，她通过实行改革开放政策，取得了翻天覆地的变化。现在中国政府实施“科教兴国”的政策，在普及基础教育、改善教育设施、提高教育质量等方面积累了丰富的经验。我的同事常常告诉我，爱都从在中国的工作中，学到了许多东西，这也是我们的荣幸。这次爱都董事会中国之行的目的就是交流经验，寻求进一步的合作。谢谢。

张司长： 谢谢。我代表教育部国际合作司和中国教育交流学会欢迎爱都董事会考察团的到来，希望大家的中国之行愉快并富有成效。我提议，为我们的友好合作干杯！

大　家： 干杯！干杯！

[大家互相敬酒]

张司长： 海因斯先生，这是有名的茅台酒，我们把它干了！

[海因斯干杯]

海因斯： （咳嗽）对不起，这酒很好，可是我的酒量太小了。

张司长： 快请吃菜。

王处长： 杜乐先生，我敬你一杯。

杜　乐： 王先生，谢谢。我们量力而行吧。

王处长： 那哪儿行。我早就听说杜乐先生海量。干了，没问题。

杜　乐： 行，恭敬不如从命，我就舍命陪君子吧。不过我得先吃点儿菜。

张司长： 对，大家吃菜。这个餐馆儿是有名的四川菜馆儿。

海因斯： 中国有句古话：来而无往非礼也。请允许我用这杯果汁儿代酒，敬大家一杯。

（二）欣赏京剧

[中国教育交流学会邀请爱都董事会考察团看京剧]

李宏大： 各位，中国教育交流学会今晚特地安排这场京剧演唱会，欢迎爱都董事会来北京考察。京剧是中国传统文化的代表，希望大家喜欢。

海因斯： 简尼，你在北京待了这么多年，对京剧了解吗？

简　尼： 懂一点儿吧。我知道，京剧要化装，而且有的男演员扮演女角色，有的女演员还扮演男角色呢。

海因斯： 是吗？是不是跟歌剧一样，以唱为主？

简　尼： 不全是。用一句行话说，京剧有唱、念、做、打四种表演技巧。

海因斯： 那你觉得看京剧最难的地方是什么？

简　尼： 其实也没什么难的。要说难嘛，恐怕对我来说，是不知道什么时候叫好。在欧洲，我们是等到演唱结束或者一段唱词完了的时候才喝彩的，但是看京剧，在演员唱得最精彩的地方也可以叫好。如果你不懂，可能会闹笑话的。

海因斯： 那好，等会儿你告诉我什么时候叫好。

简　尼： 好，演出开始了。

[演出之间休息时间]

海因斯： 李先生，我发现这些演员的化装很不一样。有的化装很漂亮，有的很丑，有的很凶，这是不是很有讲究？

李宏大： 当然。京剧分成生、旦、净、末、丑五种角色，也叫五种行当。一般来说，净角和丑角化装比较浓一些。中国人喜欢把戏中人分成好人和坏人两种，好人一般用红色，坏人多用白色。丑角比较特殊，说不上好坏，他们的化装比较古怪滑稽。

海因斯： 哦，是这样。刚才那么多演猴子的演员化装化得真像。不过，他们演得更好。有一个非常活跃的猴子一定是个很有名的形象。

李宏大： 啊，很有名。他就是孙悟空，美猴王。中国著名古典小说《西游记》里的主人公。

（三）参观学校

[海因斯参观一所希望工程小学]

海因斯： 我看这个学校很漂亮，是不是学费也很贵呀？

校　长： 不，我们这儿不收学费。

海因斯： 在这儿学习的学生都是些什么人？

校　长： 这些孩子都来自生活条件非常困难的家庭，有的还是孤儿。

海因斯： 是吗？

校　长： 是的。您知道，我们这儿是穷困地区，经济很不发达，一般父母都没有多少钱送孩子上学。有的孩子不到10岁就辍学回家帮大人们干活儿了。

海因斯： 那么学校的经费从哪儿出？

校　长： 经费都是希望工程的捐款。

海因斯： 什么人捐的款？

校　长： 什么人都有。社会各界的人都很关心希望工程，大家都愿意为家庭经济条件不好的孩子献一份爱心。

海因斯： 捐款的有外国人吗？

校　长： 有。有外国人，还有海外华人。

海因斯： 国家对捐款是怎么管理的，你知道吗？

校　长： 国家成立了专门的机构管理希望工程捐款，这些款项是专款专用，任何人都不得随便挪用。

海因斯： 教师的质量一定也很高吧？

校　长： 我们这儿的教师都是师范大学毕业，有的还是省级优秀教师呢。

海因斯： 我觉得你们的管理很好，校长领导有方啊！

校　长： 哪里哪里，其实我们做得还很不够，希望海因斯先生多提意见啊。

* *

（一）Jiēfēng Jiǔhuì

[Jiàoyùbù Guójì Hézuòsī Zhāng sīzhǎng shèyàn zhāodài Hǎiyīnsī yìxíng]

Zhāng sīzhǎng: Gèwèi, qǐng rù xí.

Jīntiān wǒmen fēicháng gāoxìng, zhème duō péngyou huānjù zài yìqǐ. Wǒmen Jiàoyùbù Guójì Hézuòsī zài zhèr shèyàn, huānyíng Àidū dǒngshì-huì yìxíng, wèi dàjiā jiēfēng xǐchén.

Shǒuxiān, wǒ lái jièshào yíxià cānjiā jīntiān yànhuì de péngyou hé kèrén.

Zhè wèi shì Àidū Zǔzhī dǒngshìzhǎng Hǎiyīnsī xiānsheng, Hǎiyīnsī xiānsheng shì wǒmen duō nián de péngyou, tā yìzhí zài wèi Zhōngguó jiàoyù shìyè de fāzhǎn chūmóu xiàncè.

Zhè wèi shì Dùlè xiānsheng, tā shì Àidū zhù

Zhōngguó de dàibiǎo, wǒmen de lǎo shúrén le. Zuò zài wǒ yòubian de zhè wèi shì Lǐ Hóngdà xiānsheng, shì Zhōngguó Jiàoyù Jiāoliú Xuéhuì de huìzhǎng.

[Gè rén hù dì míngpiàn, jièshào zìjǐ]

Zhāng sīzhǎng: Wǒmen qǐng Hǎiyīnsī xiānsheng xiān jiǎng jǐ jù.

Hǎiyīnsī: Xièxie. Wǒmen Àidū Zǔzhī zài Zhōngguó kāizhǎn gōngzuò yǐjīng yǒu hǎo jǐ ge niántóu le, zhèxiē nián lái, wǒmen de gōngzuò dédàole zàizuò gèwèi de dàlì zhīchí, zàicǐ, wǒ dàibiǎo Àidū dǒngshìhuì xiàng Zhōngguó zhèngfǔ hé gèjiè péngyou biǎoshì gǎnxiè. Zhōngguó shì shìjiè shang yǒu yǐngxiǎng de dà guó, tā tōngguò shíxíng gǎigé kāifàng zhèngcè, qǔdéle fāntiān-fùdì de biànhuà. Xiànzài Zhōngguó zhèngfǔ shíshī "kējiào xīng guó" de zhèngcè, zài pǔjí jīchǔ jiàoyù, gǎishàn jiàoyù shèshī, tígāo jiàoyù zhìliàng děng fāngmiàn jīlěile fēngfù de jīngyàn. Wǒ de tóngshì chángcháng gàosu wǒ, Àidū cóng zài Zhōngguó de gōngzuò zhōng, xuédàole xǔduō dōngxi, zhè yě shì wǒmen de róngxìng. Zhè cì Àidū dǒngshìhuì Zhōngguó zhī xíng de mùdì jiù shì jiāoliú jīngyàn, xúnqiú jìnyíbù de hézuò. Xièxie.

Zhāng sīzhǎng: Xièxie. Wǒ dàibiǎo Jiàoyùbù Guójì Hézuòsī hé Zhōngguó Jiàoyù Jiāoliú Xuéhuì huānyíng Àidū dǒngshìhuì kǎochátuán de dàolái, xīwàng dàjiā de Zhōngguó zhī xíng yúkuài bìng fù yǒu chéngxiào. Wǒ tíyì, wèi wǒmen de yǒuhǎo hézuò gānbēi!

Dàjiā: Gānbēi! Gānbēi!

[Dàjiā hùxiāng jìngjiǔ]

Zhāng sīzhǎng: Hǎiyīnsī xiānsheng, zhè shì yǒumíng de Máotái jiǔ, wǒmen bǎ tā gān le!

[Hǎiyīnsī gānbēi]

Hǎiyīnsī: (Késou) Duìbuqǐ, zhè jiǔ hěn hǎo, kěshì wǒ de jiǔliàng tài xiǎo le.

Zhāng sīzhǎng: Kuài qǐng chī cài.

Wáng chùzhǎng: Dùlè xiānsheng, wǒ jìng nǐ yì bēi.

Dùlè: Wáng xiānsheng, xièxie. Wǒmen liànglì'érxíng ba.

Wáng chùzhǎng: Nà nǎr xíng. Wǒ zǎo jiù tīngshuō Dùlè xiānsheng hǎiliàng. Gān le, méi wèntí.

Dùlè: Xíng, gōngjìng bù rú cóngmìng, wǒ jiù shěmìng péi jūnzǐ ba. Bùguò wǒ děi xiān chī diǎnr cài.

Zhāng sīzhǎng: Duì, dàjiā chī cài. Zhège cānguǎnr shì yǒumíng de Sìchuān càiguǎnr.

Hǎiyīnsī: Zhōngguó yǒu jù gǔhuà: lái ér wú wǎng fēi lǐ yě. Qǐng yǔnxǔ wǒ yòng zhè bēi guǒzhīr dài jiǔ, jìng dàjiā yì bēi.

(二) Xīnshǎng Jīngjù

[Zhōngguó Jiàoyù Jiāoliú Xuéhuì yāoqǐng Àidū dǒngshìhuì kǎochátuán kàn Jīngjù]

Lǐ Hóngdà: Gèwèi, Zhōngguó Jiàoyù Jiāoliú Xuéhuì jīnwǎn tèdì ānpái zhè chǎng Jīngjù yǎnchànghuì, huānyíng Àidū dǒngshìhuì lái Běijīng kǎochá. Jīngjù shì Zhōngguó chuántǒng wénhuà de dàibiǎo, xīwàng dàjiā xǐhuan.

Hǎiyīnsī: Jiǎnní, nǐ zài Běijīng dāile zhème duō nián, duì Jīngjù liǎojiě ma?

Jiǎnní: Dǒng yìdiǎnr ba. Wǒ zhīdào, Jīngjù yào huàzhuāng, érqiě yǒude nán yǎnyuán bànyǎn nǚ juésè, yǒude nǚ yǎnyuán hái bànyǎn nán juésè ne.

Hǎiyīnsī: Shì ma? Shì bú shì gēn gējù yíyàng, yǐ chàng wéi zhǔ?

Jiǎnní: Bù quán shì. Yòng yí jù hánghuà shuō, Jīngjù yǒu chàng, niàn, zuò, dǎ sì zhǒng biǎoyǎn jìqiǎo.

Hǎiyīnsī: Nà nǐ juéde kàn Jīngjù zuì nán de dìfang shì shénme?

Jiǎnní: Qíshí yě méi shénme nán de. Yàoshuō nán ma, kǒngpà duì wǒ lái shuō, shì bù zhīdào shénme shíhou jiào hǎo. Zài Ōuzhōu, wǒmen shì děngdào yǎnchàng jiéshù huòzhě yíduàn chàngcí wánle de shíhou cái hècǎi de, dànshì kàn Jīngjù, zài yǎnyuán chàng de zuì jīngcǎi de dìfang yě kěyǐ jiàohǎo. Rúguǒ nǐ bù dǒng, kěnéng huì nào xiàohua de.

Hǎiyīnsī: Nà hǎo, děng huìr nǐ gàosu wǒ shénme shíhou jiàohǎo.

Jiǎnní: Hǎo, yǎnchū kāishǐ le.

[Yǎnchū zhījiān xiūxi shíjiān]

Hǎiyīnsī: Lǐ xiānsheng, wǒ fāxiàn zhèxiē yǎnyuán de huàzhuāng hěn bù yíyàng. Yǒude huàzhuāng hěn piàoliang, yǒude hěn chǒu, yǒude hěn xiōng, zhè shì bú shì hěn yǒu jiǎngjiu?

Lǐ Hóngdà: Dāngrán. Jīngjù fēnchéng Shēng, Dàn, Jìng, Mò, Chǒu wǔ zhǒng juésè, yě jiào wǔ zhǒng hángdang. Yìbān lái shuō, Jìngjué hé Chǒujué huàzhuāng bǐjiào nóng yìxiē. Zhōngguórén xǐhuan bǎ xì zhōng rén fēnchéng hǎorén hé huàirén liǎng zhǒng, hǎorén yìbān yòng hóngsè, huàirén duō yòng báisè. Chǒujué bǐjiào tèshū, shuō bú shàng hǎo huài, tāmen de huàzhuāng bǐjiào gǔguài huájī.

Hǎiyīnsī: Ò, shì zhèyàng. Gāngcái nàme duō yǎn hóuzi de yǎnyuán huàzhuāng huà de zhēn xiàng. Búguò, tāmen yǎn de gèng hǎo. Yǒu yí ge fēicháng huóyuè de hóuzi yídìng shì gè hěn yǒumíng de xíngxiàng.

Lǐ Hóngdà: À, hěn yǒumíng. Tā jiù shì Sūn Wùkōng, Měihóuwáng. Zhōngguó zhùmíng gǔdiǎn xiǎoshuō *Xīyóujì* lǐ de zhǔréngōng.

（三）Cānguān Xuéxiào

[Hǎiyīnsī cānguān yì suǒ Xīwàng Gōngchéng xiǎoxué]

Hǎiyīnsī: Wǒ kàn zhège xuéxiào hěn piàoliang, shì bú shì xuéfèi yě hěn guì ya?

Xiàozhǎng: Bù, wǒmen zhèr bù shōu xuéfèi.

Hǎiyīnsī: Zài zhèr xuéxí de xuésheng dōu shì xiē shénme rén?

Xiàozhǎng: Zhèxiē háizi dōu láizì shēnghuó tiáojiàn fēicháng kùnnán de jiātíng, yǒude háishi gū'ér.

Hǎiyīnsī: Shì ma?

Xiàozhǎng: Shì de. Nín zhīdào, wǒmen zhèr shì qióngkùn dìqū, jīngjì hěn bù fādá, yìbān fùmǔ dōu méiyǒu duōshao qián sòng háizi shàngxué. Yǒude háizi búdào shí suì jiù chuòxué huíjiā bāng dàrénmen gànhuór le.

Hǎiyīnsī: Nàme xuéxiào de jīngfèi cóng nǎr chū?

Xiàozhǎng: Jīngfèi dōu shì Xīwàng Gōngchéng de juānkuǎn.

Hǎiyīnsī: Shénme rén juān de kuǎn?

Xiàozhǎng: Shénme rén dōu yǒu. Shèhuì gè jiè de rén dōu hěn guānxīn Xīwàng Gōngchéng, dàjiā dōu yuànyì wèi jiātíng jīngjì tiáojiàn bù hǎo de háizi xiàn yí fèn àixīn.

Hǎiyīnsī: Juānkuǎn de yǒu wàiguórén ma?

Xiàozhǎng: Yǒu. Yǒu wàiguórén, háiyǒu hǎiwài Huárén.

Hǎiyīnsī: Guójiā duì juānkuǎn shì zěnme guǎnlǐ de, nǐ zhīdào ma?

Xiàozhǎng: Guójiā chénglìle zhuānmén de jīgòu guǎnlǐ Xīwàng Gōngchéng juānkuǎn, zhèxiē kuǎnxiàng shì zhuānkuǎn zhuānyòng, rènhé rén dōu bù dé suíbiàn nuóyòng.

Hǎiyīnsī: Jiàoshī de zhìliàng yídìng yě hěn gāo ba?

Xiàozhǎng: Wǒmen zhèr de jiàoshī dōu shì shīfàn dàxué bìyè, yǒude háishi shěngjí yōuxiù jiàoshī ne.

Hǎiyīnsī: Wǒ juéde nǐmen de guǎnlǐ hěn hǎo, xiàozhǎng lǐngdǎo yǒufāng a!

Xiàozhǎng: Nǎlǐ nǎlǐ, qíshí wǒmen zuò de hái hěn bú gòu, xīwàng Hǎiyīnsī xiānsheng duō tí yìjiàn a.

二、生词注释 New Words

1 接风洗尘 jiēfēng xǐchén to welcome

例句： 王经理刚从国外回来，我们大家在贵宾楼饭庄为您接风洗尘。Manager Wang, you just come back from abroad. We'll hold a welcoming dinner for you in Guibinlou Restaurant.

2 出谋献策 chūmóu xiàncè to give good counsel

3 在座（各位） zàizuò (gèwèi) (everybody) present

例句：（1）如果说我的工作有什么成绩的话，那都是在座各位大力支持的结果。If I may say that I've achieved something in my work, my success should all be attributed to the tremendous support of everybody present.

（2）在座的都是专家，由我来讲这个问题实在是班门弄斧。I feel that I'm displaying my scanty skills to talk about this topic in front of all the experts present.

4 翻天覆地 fāntiān-fùdì earth-shaking; highly remarkable

5 科教兴国 kējiào xīng guó to reinvigorate the country through science and education

6 设施 shèshī facility

7 提议　tíyì　proposal; to propose

例句：(1) 我提议中田先生唱一支日本民歌。I propose that Mr Nakata sing us a Japanese folk song.

(2) 利用周末去郊外种树是个很好的提议。It's a very good proposal to plant trees in the suburbs at weekends.

8 量力而行　liànglì'érxíng　to act according to one's capability

9 来而无往非礼也　lái ér wú wǎng fēi lǐ yě　It is impolite not to reciprocate—one should return as good as one receives.

10 角色　juésè　role

例句：(1) 他在这次活动中是个举足轻重的角色。He plays a pivotal role in this activity.

(2) 银行在经济活动中扮演着越来越重要的角色。Banks are playing an increasingly important role in economic activities.

11 喝彩　hècǎi　to cheer, to acclaim, to shout bravo

例句：(1) 演员表演得非常精彩，不时响起观众的喝彩声。The actors' performance was so excellent that the audience shouted bravo from time to time.

(2) 我们希望听到喝彩，更希望听到中肯的批评。Apart from acclaim, we are more willing to hear sincere criticism.

12 生旦净末丑　shēng dàn jìng mò chǒu　male role, female role, painted-face role, middle-aged man and comic role (in Chinese traditional opera)

13 滑稽　huájī　funny

14 辍学　chuòxué　to drop out from school

例句：(1) 因为家庭条件太差，他们兄弟三个高中没有毕业就辍学回家了。The three brothers became school dropouts before they finished senior high school, because their family was very poor.

(2) 因为地区穷困，这儿高中生辍学回家的比率达到了25%。Since this is a poverty- stricken area, the percentage of senior high school students who drop out from school is 25%.

15 捐款　juānkuǎn　donation

16 专款专用　zhuānkuǎn zhuānyòng　fund for specified purposes

17 挪用 nuóyòng to divert (funds); to misappropriate

例句：（1）这个学校的校长因为挪用公款而被判刑。The principal of this school was jailed because he misappropriated public funds.

（2）挪用扶贫专款是违法行为。It is illegal to divert poverty alleviation funds for any other purposes.

18 (领导) 有方 (lǐngdǎo) yǒufāng (leadership) in the right way; to give proper guidance

例句：（1）交通秩序这样井井有条，是管理部门领导有方啊。The fact that transportation is in such a perfect order shows that the administrative department is handling things in the right way.

（2）你的孩子都这么出息，真是教子有方啊。The great achievement of all your children is attributed to your proper guidance.

三、背景知识 Background Information

▶ 1. 接风酒会程序中的中国特色 Chinese features of a welcoming dinner

有朋友从远方归来，或者有重要的客人从远方来访，主人设宴招待，叫做“接风酒会”，为来的人“接风”，也叫“洗尘”。一般，在酒席开始前，主人都要简单地讲几句，并且也邀请客人（朋友）讲几句。客人一般要表示感谢。朋友将要出发远行，为朋友设宴叫“饯行”。

By “welcoming dinner”, we mean the host will give a dinner for friends or important guests from afar to “welcome them” or “wash away the dust” for them. Usually, the host will say a few words and invite the guests (friends) to say something before dinner starts. The guests will usually express their thanks. People will usually give a farewell dinner for their friends who will go on a long journey.

▶ 2. 席间劝酒 Encourage sb. to drink more over the dinner table

在酒席上，中国自古有劝酒的习惯。客人喝得越多，越表明主人准备的饭菜可口。主人也总是一再要求客人“多喝几杯”。主人劝酒越是殷勤，就越是说明主人的好客。初到中国的外国人往往不了解这种风俗，而被主人灌得酩酊大醉。需要指出的是，随着中国对外开放的深入，这种风俗越来越淡化了。

It has been the habit of Chinese people since ancient times to encourage guests to drink more over the dinner table. The more the guests drink, the more satisfied they are with the meal the host prepared. The host will always encourage the guests to drink "a few more cups". The more eagerly attentive the host appears to be when encouraging the guests to drink, the more hospitablity they show to them. Westerns who newly arrive in China may get drunk when the host encourages them to drink because they lack understandings of this custom. It should be pointed out that with the deepening of China's "opening up", this custom is gradually fading out.

▶ 3. 中国的四大文学名著　Four literary masterpieces in China

《红楼梦》、《西游记》、《三国演义》、《水浒传》四部书被称为中国四大古典名著。《红楼梦》的作者是曹雪芹，描写了封建大家族贾府从兴盛到衰落的过程；《西游记》是一部神怪小说，描写了唐僧师徒四人去印度取经的艰难历程，刻画了一个活泼可爱、神通广大、藐视权威的猴王形象；《三国演义》描写了1800年前中国分为魏、蜀、吴三个国家的历史故事，成功地演绎了战争和权术；《水浒传》描写的是北宋末年的一场农民起义，成功地刻画了一群行侠仗义、性格各异的绿林好汉的形象。

A Dream of Red Mansions, Journey to the West, Romance of the Three Kingdoms, Outlaws of the Marsh are regarded as four classic literary masterpieces in China. In *A Dream of Red Mansions*, the author Cao Xueqin describes the rise and fall of a large feudal family surnamed Jia. *Journey to the West* is a fiction about gods and spirits. The story is about the arduous experience of Tang Xuanzang and his three disciples who went on a pilgrimage journey to India for Buddhist scriptures. It also depicts the image of the Monkey King who is cute, capable and resourceful and despises authority. *Romance of the Three Kingdoms* is a historical novel about three Chinese kingdoms of Wei, Shu and Wu some 1800 years ago. It successfully describes war and political maneuvering. *Outlaws of the Marsh* describes a peasant uprising at the end of the Northern Song Dynasty. It is a story about a number of outlaws with distinctive characters who rebelled against the tyrant to uphold justice.

▶ 4. 赞赏与回应 Appreciation and response

对别人的优点给予夸奖，为他人精彩的表演喝彩，似乎是全世界文明的共性。不同的是，中国人在被别人夸奖时往往“拒绝”这样的夸奖和赞美。对赞美和夸奖的常见反应有：哪里哪里；您过奖了；我做得很不够；我没有做什么；不敢不敢（岂敢岂敢），等等。

It seems to be common in all civilizations to praise other people's strong points and cheer for excellent performance of actors. What's different is that when praised by others, the Chinese people often "refuse" such compliment or eulogy. Common responses to compliments are: nǎlǐ nǎlǐ; nín guòjiǎng le; wǒ zuò de hěn bú gòu; wǒ méiyou zuò shénme; bùgǎn bùgǎn (qǐgǎn qǐgǎn) etc.

四、练习 Exercises

(一) 选词填空 Choose the Proper Word for Each Blank

A 辍学	B 有方	C 接风洗尘	D 挪用	E 喝彩

1. 等你回来的时候，我们要为你__________。
2. 大家为运动员们的精彩表演__________。
3. 学校决定减免家庭困难学生的学费，争取不让一个孩子__________。
4. 张老师是数学老师，他带的学生都取得了很好的成绩，大家说他教学__________。
5. 这笔款子是专门用来帮助贫困儿童上学的，不可以__________。

(二) 判断练习 True or False

1. 你是主人，酒席上客人喝酒可以随便。 ☐
2. 越是劝客人喝酒，越说明主人好客。 ☐
3. 设宴送朋友远行，叫做“接风酒会”。 ☐
4. 《三国演义》写了很多绿林好汉。 ☐
5. 《西游记》刻画了一个十分可爱的猴王形象。 ☐

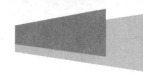

（三）选择练习 Make Choices

① 完成下面对话 Complete the following dialogues

1. A：你的演讲真是太精彩了！

   B：______________________。

2. A：您是权威，您先说。

   B：______________________。

3. A：我参观了你们学校，学生都非常礼貌，而且学习认真。张校长，您真是管理有方啊！

   B：______________________。

② 下面情景下说什么

Choose the appropriate response for the following occasions

1. 别人给你敬酒，你勉强同意喝了，可以说：

   A. 多喝几杯。　　B. 哪里哪里。

   C. 舍命陪君子。　　D. 来而无往非礼也。

2. 一个人的孩子非常优秀，你最好对他说：

   A. 他是你的孩子吗？　　B. 你真是教子有方啊！

   C. 他像你一样优秀。　　D. 你的孩子一定上了个非常好的学校。

3. 主人劝你喝酒，你出于礼貌答应喝一点点，于是说：

   A. 我这是舍命陪君子。　　B. 干杯！

   C. 我们还是量力而行吧！　　D. 来而无往非礼也。

五、阅读材料 Reading Material

京　剧

中国的京剧已有两百多年的历史，是中国影响最大的戏曲剧种，形成于北京，遍及全国。从清乾隆五十五年（1790年）起，流行于安徽久负盛名的三庆、四喜、春台、和春四大徽班陆续进入北京，他们与来自湖北的汉调艺人合作，同时接受了昆曲、秦腔的部分剧目、曲调和表演方法，又吸收了一些地方民间曲调，通过不断的交流、融合，最终形成京剧。

京剧表演上歌舞并重，融合了武术技巧，多用虚拟性动作，节奏感强，创造了许多程式性的表演动作。演唱时讲究字正腔圆。在唱、念、做、打方面逐渐形成了完整的艺术风格和表演体系。京剧的角色主要分为生、旦、净、末、丑五种行当。各行当内部还有更细的划分，如旦行就有青衣、花旦、刀马旦、武旦、老旦之分。其划分依据除人物的自然属性外，更主要的是人物的性格特征和创作者对人物的褒贬态度。各行当都有一套表演程式，唱、念、做、打的技艺各具特色。

京剧的乐器分管弦乐和打击乐两部分。管弦乐有胡琴、二胡、月琴、弦子、笛子、笙、唢呐、海笛，以伴奏歌唱为主，但也有时用来衬托表演动作。管弦乐以胡琴、笛子为主要乐器。打击乐有板、单皮鼓、堂鼓、大锣、小锣、铙钹、齐钹、撞钟、云锣、梆子等。它们主要用来衬托演员的舞蹈动作，烘托、渲染武打时的气氛。其中以板和单皮鼓、大锣、小锣为主要乐器。京剧伴奏分文场和武场两大类，文场使用胡琴、京二胡、月琴、弦子、笛子、唢呐等，而以胡琴为主奏乐器；武场以鼓板为主，小锣、大锣次之。

自清朝咸丰、同治年间以来，经程长庚、谭鑫培、梅兰芳等著名京剧大师改革和发展，京剧流派纷呈，影响至全国。著名的老生有谭鑫培、马连良、周信芳等，四大名旦有梅兰芳、程砚秋、尚小云、荀慧生，净行中有金少山、裘盛戎，丑行中有萧长华、叶盛章。

京剧以历史故事为主要演出内容，传统剧目约有一千三百多个，常演的在三、四百个以上，其中不少剧目已是家喻户晓。新中国成立后，京剧改编、移植、创作了一些新的历史剧和现代题材作品，丰富了剧目。

在中国政府的大力提倡和支持下，京剧已经走向世界，受到众多外国朋友的喜爱，成为他们了解中国传统文化艺术的重要途径。

第八课　筹办音乐会

一、课文　Text

（一）活动策划

[在爱都办公室]

杜　乐： 中国残疾人联合会负责国际合作方面事务的负责人是谁？

林小姐： 是张主任。

杜　乐： 请你跟张主任联系一下，安排一个时间我们见一面，就联合举办世界残疾儿童音乐会的事谈一谈。

林小姐： 好。我已经跟中国残联联系过一次，他们表现出很大的热情。中国在残疾儿童教育方面投入了很大的精力，搞得不错。最近，中国还组织了一个有一百多人组成的残疾人艺术团到美国访问，据说取得了很大的成功。艺术团中有一半以上的团员是儿童。在具体的节目安排上，应该不会有什么问题，只是在中国组织这样的活动需要履行一些审批手续，有些手续还比较麻烦。

杜　乐： 你根据需要协商的内容拟一个会谈提纲，我们一起商量好了后再给中国残联发过去。中国残联应该作为发起单位之一，因此，关于审批手续由他们具体去运作更好。

林小姐：好。会谈提纲我已经拟好了，请你过目。

杜　乐：太好了。

[杜乐看提纲]

很好。我的想法是，这次活动可以搞成半商业化。活动可以吸收一些大公司的赞助和安排一些广告，活动组委会可以收取一定的广告费；同时，还可以有一定的门票收入。最好能够和中国中央电视台等国家级媒体联系一下，希望能够得到他们的支持。

林小姐：好，我跟中国残联商量一下，关于和媒体的合作最好由中方出面，关于各种收费的标准和使用问题，可以作为会谈的主要内容之一。

（二）拜会残联领导

[在中国残联某办公室]

张主任：您好！杜乐先生。早就说要去看看您了，一直没有抽出时间，让您跑一趟。

杜　乐：谁跑都一样。我知道您很忙，我几乎天天都可以在报纸上看到关于你们的报道，看来你们的工作卓有成效呀。

张主任：哪里哪里。我听杰克说了，您今天来主要是想谈谈举办世界残疾儿童音乐会的事。

杜　乐：对。不知道你们对此事有何看法？

张主任：这是大好事呀。我们的领导非常支持。

杜　乐：按照贵国在涉外活动中的有关规定，举办这样的活动不能由我们外国组织独家申办，因此，我们希望残联能够成为发起单位和活动的主办者之一。不知道是否可行?

张主任：这个我已经请示了领导，我们的意见是：支持这项活动。我们建议具体交由我们残联下属的艺术团承办。具体审批手续问题，我已经跟政府的有关部门联系过，他们认为，只要上级主管部门批准，符合中国的法律和政策规定，履行正常的手续，各个环节都不会有什么问题。具体的报批工作，由艺术团来做。

杜　乐：那太好了。我还有一个想法，这次活动能否办成半商业性的活动?

张主任：您是说，收费?

杜　乐：对。比如，吸引一些广告客户，拉一点赞助，还可以有一定的门票收入。

张主任：原则上说，我们不同意收费。因为我们残联是一个非营利性的民间公益事业团体，如果从事商业活动是不合适的。

杜　乐：我明白。我只是想让张先生知道，爱都不是一个商业机构，资金比较有限，因此，我希望通过这个活动，作为组织者收取一定的回报，然后再投入到中国的教育中，特别是残疾人教育方面。套用一句老话，就是“取之于中国，用之于中国”。

张主任：可以理解。说到赞助，我倒有一个建议，目前越来越多的跨国公司在中国发展业务，爱都在国际上有相当的知名度，可否由爱都在外国公司中寻求一些赞助商?

杜　乐：这正是我们考虑的，目前我们正在寻找一些赞助商，同时也试图寻找一些广告客户。

张主任：好的。

（三）招募临时雇员

[爱都会议室]

林小姐： 感谢大家来应聘。首先，我先简单地说几句。这次世界残疾儿童音乐会将由爱都、中国残疾人联合会和天地国际合作有限公司联合举办。我们这次招聘的是临时雇员，大家主要承担的工作是：在活动期间，为来自各国的残疾儿童音乐爱好者提供生活上的各种服务。因此，活动一结束，我们的合作关系就结束。等会儿我将一个一个地面谈，每个人只有10分钟。面谈的人到我的办公室，其余的人就在这个会议室里等候。这儿有很多报刊杂志，也有一些关于爱都的介绍材料，欢迎大家随意取阅。好，请李月芬小姐随我到办公室。

[林小姐办公室]

林小姐： 请坐，李小姐。我看过你的材料，你是学习国际商务的，有过相当丰富的工作经历。我想冒昧地问一句，你现在有固定的工作吗？

李小姐： 没有。我现在是百分之百的家庭主妇。

林小姐： 你为什么不找一个工作呢？

李小姐： 我丈夫非常忙，他有自己的公司，我呢，孩子小的时候，专门照顾孩子，负责孩子的教育，现在孩子上了寄宿学校，我一下子就轻松起来了。

林小姐： 你为什么报名参加爱都组织的这次活动呢？为什么不找一个长期一点的工作呢？

李小姐：我想先通过这个活动试一试自己的能力，看自己还能不能较好地工作。

林小姐：你了解爱都吗？

李小姐：了解。我对你们组织的工作理念非常感兴趣。我觉得应该有更多的像爱都一样的组织，有了钱办一些有益于社会的事不是很好吗？

林小姐：你希望在活动中承担什么样的工作？比如，我们有管理工作，有接待工作，有语言服务工作。

李小姐：你说的语言服务工作是不是当翻译？

林小姐：可以说就是翻译。

李小姐：那我可以试一试。我读书时就通过了国家大学英语六级考试，托福考试成绩还超过了600分呢，而且我在澳大利亚生活过两年，还有过做现场翻译的经验。这些我都在个人材料上写明了，并且有证明材料。

林小姐：我已经注意到了。好，现在你的外语正好可以派上用场了。我现在就可以告诉你，你被录用了。如果没有什么变化，请你下个星期三下午两点到这个办公室来报到。

李小姐：谢谢。

林小姐：顺便问一下，如果这次合作以后，我们双方都比较满意的话，你有没有兴趣来参加爱都的正式雇员的应聘？

李小姐：如果那样的话，那太好了。不过，我不知道爱都对正式雇员有哪些要求？

林小姐：简单地说，爱都对雇员除了基本的学历、年龄、工作经历要求之外，还要求雇员为人正派、性格随和开朗、有团队精神和合作意识。

李小姐：我个人认为，这些都是我追求的目标。好，到时候，我一定会来参加应聘的。

林小姐：好的，这个以后再说。再见。

* *

（一）Huódòng Cèhuà

[Zài Àidū bàngōngshì]

Dùlè: Zhōngguó Cánjírén Liánhéhuì fùzé guójì hézuò fāngmiàn shìwù de fùzérén shì shéi?

Lín Xiǎojiě: Shì Zhāng Zhǔrèn.

Dùlè: Qǐng nǐ gēn Zhāng zhǔrèn liánxì yíxià, ānpái yí ge shíjiān wǒmen jiàn yí miàn, jiù liánhé jǔbàn shìjiè cánjí értóng yīnyuèhuì de shì tán yì tán.

Lín Xiǎojiě: Hǎo. Wǒ yǐjīng gēn Zhōngguó Cán-Lián liánxìguo yí cì, tāmen biǎoxiànchū hěn dà de rèqíng. Zhōngguó zài cánjí értóng jiàoyù fāngmiàn tóurùle hěn dà de jīnglì, gǎo de búcuò. Zuìjìn, Zhōngguó hái zǔzhīle yí ge yǒu yìbǎi duō rén zǔchéng de cánjírén yìshùtuán dào Měiguó fǎngwèn, jùshuō qǔdéle hěn dà de chénggōng. Yìshùtuán zhōng yǒu yíbàn yǐshàng de tuányuán shì értóng. Zài jùtǐ de jiémù ānpái shang, yīnggāi bú huì yǒu shénme wèntí, zhǐshì zài Zhōngguó zǔzhī zhèyàng de huódòng xūyào lǚxíng yìxiē shěnpī shǒuxù, yǒuxiē shǒuxù hái bǐjiào máfan.

Dùlè: Nǐ gēnjù xūyào xiéshāng de nèiróng nǐ yí ge huìtán tígāng, wǒmen yìqǐ shāngliang hǎole hòu zài gěi Zhōngguó Cán-Lián fā guòqù. Zhōngguó Cán-Lián yīnggāi zuòwéi fāqǐ dānwèi zhī yī, yīncǐ, guānyú shěnpī shǒuxù yóu tāmen jùtǐ qù yùnzuò gèng hǎo.

Lín Xiǎojiě: Hǎo. Huìtán tígāng wǒ yǐjīng nǐ hǎo le, qǐng nǐ guòmù.

Dùlè: Tài hǎo le.

[Dùlè kàn tígāng]

Hěn hǎo.Wǒ de xiǎngfǎ shì, zhè cì huódòng kěyǐ gǎo chéng bàn shāngyèhuà. Huódòng kěyǐ xīshōu yìxiē dà gōngsī de zànzhù hé ānpái yìxiē guǎnggào, huódòng zǔwěihuì kěyǐ shōuqǔ yídìng de guǎnggàofèi; Tóngshí, hái kěyǐ yǒu yídìng de ménpiào shōurù. Zuìhǎo nénggòu hé Zhōngguó Zhōngyāng Diànshìtái děng guójiājí méitǐ liánxì yíxià, xīwàng nénggòu dédào tāmen de zhīchí.

Lín Xiǎojiě: Hǎo, wǒ gēn Zhōngguó Cán-Lián shāngliang yíxià, guānyú hé méitǐ de hézuò zuìhǎo yóu Zhōngfāng chūmiàn, guānyú gèzhǒng shōufèi de biāozhǔn hé shǐyòng wèntí, kěyǐ zuòwéi huìtán de zhǔyào nèiróng zhī yī.

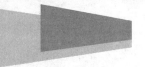

(二) Bàihuì Cán-Lián Lǐngdǎo

[Zài Zhōngguó Cán-Lián mǒu bàngōngshì]

Zhāng Zhǔrèn: Nín hǎo! Dùlè xiānsheng. Zǎo jiù shuō yào qù kànkan nín le, yìzhí méiyǒu chōuchū shíjiān, ràng nín pǎo yí tàng.

Dùlè: Shéi pǎo dōu yíyàng. Wǒ zhīdào nín hěn máng, wǒ jīhū tiāntiān dōu kěyǐ zài bàozhǐ shang kàndào guānyú nǐmen de bàodào, kànlái nǐmen de gōngzuò zhuó yǒu chéngxiào ya.

Zhāng Zhǔrèn: Nǎlǐ nǎlǐ. Wǒ tīng Jiékè shuō le, nín jīntiān lái zhǔyào shì xiǎng tántan jǔbàn shìjiè cánjí értóng yīnyuèhuì de shì.

Dùlè: Duì. Bù zhīdào nǐmen duì cǐ shì yǒu hé kànfǎ?

Zhāng Zhǔrèn: Zhè shì dà hǎo shì ya. Wǒmen de lǐngdǎo fēicháng zhīchí.

Dùlè: Ànzhào guì guó zài shèwài huódòng zhōng de yǒuguān guīdìng, jǔbàn zhèyàng de huódòng bù néng yóu wǒmen wàiguó zǔzhī dújiā shēnbàn, yīncǐ, wǒmen xīwàng Cán-Lián nénggòu chéngwéi fāqǐ dānwèi hé huódòng de zhǔbànzhě zhī yī. Bù zhīdào shìfǒu kěxíng?

Zhāng Zhǔrèn: Zhège wǒ yǐjīng qǐngshìle lǐngdǎo, wǒmen de yìjiàn shì: Zhīchí Zhè xiàng huódòng. Wǒmen jiànyì jùtǐ jiāoyóu wǒmen Cán-Lián xiàshǔ de yìshùtuán chéngbàn. Jùtǐ shěnpī shǒuxù wèntí, wǒ yǐjīng gēn zhèngfǔ de yǒuguān bùmén liánxìguo, tāmen rènwéi, zhǐyào shàngjí zhǔguǎn bùmén pīzhǔn, fúhé Zhōngguó de fǎlǜ hé zhèngcè guīdìng, lǚxíng zhèngcháng de shǒuxù, gègè huánjié dōu bú huì yǒu shénme wèntí. Jùtǐ de bàopī gōngzuò, yóu yìshùtuán lái zuò.

Dùlè: Nà tài hǎo le. Wǒ háiyǒu yí ge xiǎngfǎ, zhè cì huódòng néng fǒu bànchéng bàn shāngyèxìng de huódòng?

Zhāng Zhǔrèn: Nín shì shuō, shōufèi?

Dùlè: Duì. Bǐrú, xīyǐn yìxiē guǎnggào kèhù, lā yìdiǎn zànzhù, hái kěyǐ yǒu yídìng de ménpiào shōurù.

Zhāng Zhǔrèn: Yuánzé shang shuō, wǒmen bù tóngyì shōufèi. Yīnwèi wǒmen Cán-Lián shì yí ge fēi yínglìxìng de mínjiān gōngyì shìyè tuántǐ, rúguǒ cóngshì shāngyè huódòng shì bù héshì de.

Dùlè: Wǒ míngbai. Wǒ zhǐ shì xiǎng ràng Zhāng xiānsheng zhīdào, Àidū bú shì yí ge shāngyè jīgòu, zījīn bǐjiào yǒuxiàn, yīncǐ, wǒ xīwàng tōngguò zhège huódòng, zuòwéi zǔzhīzhě shōuqǔ yídìng de huíbào, ránhòu zài tóurù dào Zhōngguó de jiàoyù zhong, tèbié shì cánjírén jiàoyù fāngmiàn. Tàoyòng yí jù lǎo huà, jiùshì “qǔ zhī yú Zhōngguó, yòng zhī yú Zhōngguó”.

Zhāng Zhǔrèn: Kěyǐ lǐjiě. Shuōdào zànzhù, wǒ dào yǒu yí ge jiànyì, mùqián yuè lái yuè duō de kuàguó gōngsī zài

Zhōngguó fāzhǎn yèwù, Àidū zài guójì shang yǒu xiāngdāng de zhīmíngdù, kěfǒu yóu Àidū zài wàiguó gōngsī zhōng xúnqiú yìxiē zànzhùshāng?

Dùlè: Zhè zhèng shì wǒmen kǎolǜ de, mùqián wǒmen zhèngzài xúnzhǎo yìxiē zànzhùshāng, tóngshí yě shìtú xúnzhǎo yìxiē guǎnggào kèhù.

Zhāng Zhǔrèn: Hǎo de.

(三) Zhāomù Línshí Gùyuán

[Àidū huìyìshì]

Lín xiǎojiě: Gǎnxiè dàjiā lái yìngpìn. Shǒuxiān, wǒ xiān jiǎndān de shuō jǐ jù. Zhè cì shìjiè cánjí értóng yīnyuèhuì jiāng yóu Àidū, Zhōngguó Cánjírén Liánhéhuì hé Tiāndì Guójì Hézuò Yǒuxiàn Gōngsī liánhé jǔbàn. Wǒmen zhè cì zhāopìn de shì línshí gùyuán, dàjiā zhǔyào chéngdān de gōngzuò shì: Zài huódòng qījiān, wèi láizì gè guó de cánjí értóng yīnyuè àihàozhě tígōng shēnghuó shang de gèzhǒng fúwù. Yīncǐ, huódòng yì jiéshù, wǒmen de hézuò guānxi jiù jiéshù. Děng huìr wǒ jiāng yí ge yí ge de miàntán, měi ge rén zhǐyǒu shí fēnzhōng. Miàntán de rén dào wǒ de bàngōngshì, qíyú de rén jiù zài zhège huìyìshì lǐ děnghòu. Zhèr yǒu hěn duō bàokān zázhì, yě yǒu yìxiē guānyú Àidū de jièshào cáiliào, huānyíng dàjiā suíyì qǔyuè. Hǎo, qǐng Lǐ Yuèfēn xiǎojiě suí wǒ dào bàngōngshì.

[Lín xiǎojiě bàngōngshì]

Lín xiǎojiě: Qǐngzuò, Lǐ xiǎojiě. Wǒ kànguo nǐ de cáiliào, nǐ shì xuéxí guójì shāngwù de, yǒuguò xiāngdāng fēngfù de gōngzuò jīnglì. Wǒ xiǎng màomèi de wèn yí jù, nǐ xiànzài yǒu gùdìng de gōngzuò ma?

Lǐ xiǎojiě: Méiyǒu. Wǒ xiànzài shì bǎi fēn zhī bǎi de jiātíng-zhǔfù.

Lín xiǎojiě: Nǐ wèishénme bù zhǎo yí ge gōngzuò ne?

Lǐ xiǎojiě: Wǒ zhàngfu fēicháng máng, tā yǒu zìjǐ de gōngsī, wǒ ne, háizi xiǎo de shíhou, zhuānmén zhàogù háizi, fùzé háizi de jiàoyù, xiànzài háizi shàngle jìsù xuéxiào, wǒ yíxiàzi jiù qīngsōng qǐlái le.

Lín xiǎojiě: Nǐ wèishénme bàomíng cānjiā Àidū zǔzhī de zhè cì huódòng ne? Wèishénme bù zhǎo yí ge chángqī yìdiǎn de gōngzuò ne?

Lǐ xiǎojiě: Wǒ xiǎng xiān tōngguò zhège huódòng shì yí shì zìjǐ de nénglì, kàn zìjǐ hái néng bù néng jiàohǎo de gōngzuò.

Lín xiǎojiě: Nǐ liǎojiě Àidū ma?

Lǐ xiǎojiě: Liǎojiě. Wǒ duì nǐmen zǔzhī de gōngzuò lǐniàn fēicháng gǎn xìngqù. Wǒ juéde yīnggāi yǒu gèng duō de xiàng Àidū yíyàng de zǔzhī, yǒule qián bàn yìxiē yǒuyì yú shèhuì de shì bú shì hěn hǎo ma?

Lín xiǎojiě: Nǐ xīwàng zài huódòng zhōng chéngdān shénmeyàng de gōngzuò? Bǐrú, wǒmen yǒu guǎnlǐ gōngzuò, yǒu jiēdài gōngzuò, yǒu yǔyán fúwù gōngzuò.

Lǐ xiǎojiě: Nǐ shuō de yǔyán fúwù gōngzuò shì bú shì dāng fānyì?

Lín xiǎojiě: Kěyǐ shuō jiùshì fānyì.

Lǐ xiǎojiě: Nà wǒ kěyǐ shì yí shì. Wǒ dúshū shí jiù tōngguòle guójiā dàxué Yīngyǔ liù jí kǎoshì, Tuōfú kǎoshì chéngjì hái chāoguòle liùbǎi fēn ne, érqiě wǒ zài Àodàlìyà shēnghuóguo liǎng nián, háiyǒuguo zuò xiànchǎng fānyì de jīngyàn. Zhèxiē wǒ dōu zài gèrén cáiliào shang xiěmíng le, bìngqiě yǒu zhèngmíng cáiliào.

Lín xiǎojiě: Wǒ yǐjīng zhùyìdào le. Hǎo, xiànzài nǐ de wàiyǔ zhènghǎo kěyǐ pài shàng yòngchǎng le. Wǒ xiànzài jiù kěyǐ gàosu nǐ, nǐ bèi lùyòng le. Rúguǒ méiyǒu shénme biànhuà, qǐng nǐ xià ge Xīngqīsān xiàwǔ liǎng diǎn dào zhège bàngōngshì lái bàodào.

Lǐ xiǎojiě: Xièxie.

Lín xiǎojiě: Shùnbiàn wèn yí xià, rúguǒ zhè cì hézuò yǐhòu, wǒmen shuāngfāng dōu bǐjiào mǎnyì de huà, nǐ yǒu-méiyǒu xìngqù lái cānjiā Àidū de zhèngshì gùyuán de yìngpìn?

Lǐ xiǎojiě: Rúguǒ nàyàng de huà, nà tài hǎo le. Búguò, wǒ bù zhīdào Àidū duì zhèngshì gùyuán yǒu nǎxiē yāoqiú?

Lín xiǎojiě: Jiǎndān de shuō, Àidū duì gùyuán chúle jīběn de xuélì, niánlíng, gōngzuò jīnglì yāoqiú zhī wài, hái yāoqiú gùyuán wéirén zhèngpài, xìnggé suíhe kāilǎng, yǒu tuánduì jīngshén hé hézuò yìshí.

Lǐ xiǎojiě: Wǒ gèrén rènwéi, zhèxiē dōu shì wǒ zhuīqiú de mùbiāo. Hǎo, dào shíhou, wǒ yídìng huìlái cānjiā yìngpìn de.

Lín xiǎojiě: Hǎo de, zhège yǐhòu zàishuō. Zàijiàn.

二、生词注释 New Words

1 事务 shìwù affair, matter

例句：(1) 参赞先生刚到北京，事务比较繁忙。Mr Councilor just arrived in Beijing. He is very busy with a lot of matters.

(2) 我们应该经常抽出时间锻炼身体，不要整天埋在事务里面。We should often find some time to do exercise instead of burying ourselves in routine matters.

2 负责人 fùzérén person in charge

3 履行 lǚxíng to carry out; to honor; to enforce

例句：(1) 合同一旦签订，我们就要严格地履行。 We should strictly enforce the contract once it is signed.

(2)履行诺言是一个人和一个组织的基本标准。It is a basic standard for a person and an organization to honor promise.

4 协商 xiéshāng to negotiate; to discuss

5 拟 nǐ to draw up; to work out

例句：(1) 我们草拟了一个协议文本，请贵方看完后提出意见。We drew up a text of agreement. Please come up with your views once you finish reading it.

(2) 关于我们这次活动的宣传口号，我拟了几个说法，供你参考。I worked out several versions of the slogan for the publicity campaign, for your reference only.

6 **提纲** tígāng outline

7 **运作** yùnzuò to implement; operation

例句：(1) 建议好提，可是运作起来不容易。It's easy to come up with suggestions, but it's not so to implement them.

(2) 整个活动我们可以交给一个公司来运作。We can entrust the entire function to a company to operate.

8 **过目** guòmù to look over; to go over

9 **媒体** méitǐ media

10 **抽（出）时间** chōu (chū) shíjiān to find time

例句：(1) 我们抽时间去看一看那个工厂。We will find some time to have a look at the factory.

(2) 这一段我比较忙，抽不出时间。I'm unable to find any time since I'm fairly busy lately.

11 **卓有成效** zhuó yǒu chéngxiào fruitful

12 **可行** kěxíng workable, feasible

例句：(1) 这个方案基本可行。This plan is basically feasible.

(2) 请你仔细推敲一下，尽量想出一个可行的方法告诉我。Please consider it carefully and try to work out a feasible way to tell me.

13 **环节** huánjié link, sector

例句：(1) 这个项目不知道在哪个环节上出了问题，我们要仔细地调查一下。Some problems occurred at certain links of this project. We need to have a thorough investigation.

(2) 目前这个阶段的工作是我们最重要的环节，一定不能出漏洞。Our present stage of work is the most important link. There mustn't be any loopholes.

14 **非营利性** fēi yínglìxìng non-profit

15 **跨国公司** kuàguó gōngsī transnational corporation

16 **知名度** zhīmíngdù popularity, fame

17 **赞助商** zànzhùshāng sponsor

18 **应聘** yìngpìn to apply for a job

19 冒昧 màomèi to venture; to take the liberty to

例句：（1）我冒昧地提出上面的意见，请您考虑。I venture to raise the above suggestions for your consideration.

（2）恕我冒昧，我觉得这个项目的可操作性不强。I mean no offence, but I don't think this project is quite feasible.

20 家庭主妇 jiātíng zhǔfù housewife

21 寄宿学校 jìsù xuéxiào boarding school

22 托福考试 Tuōfú kǎoshì TOFEL (Test of English as a Foreign Language)

三、背景知识 Background Information

▶ 1. 非（营利性） Non- (non-profit)

有人说汉语没有语法，有词法。这种观点虽然不完全正确，但也有一定的合理性，因为词语在汉语的构成中起到了非同寻常的作用。理解了一些关键词语的意义和构词方法，就可以大大提高"理解"的能力。下面是几个常见的例子：

非—：表示与"非"后面的词语意义相反。如：非英语国家，非传统文化，非学校教育等。

反—：表示与"反"后面的概念对立的意义。如：反科学，反道德，反人民，反社会等。

—者：表示"……的人"。如：组织者，爱好者，主办者等。

It is said that there is no grammar in Chinese but rules for word-formation, since words play a unique role in the composition of Chinese. One would considerably improve his comprehension capacity if he could understand the meaning and word-formation of some key words. Examples:

fēi–(non-) means just the opposite of the word which follows "fēi", for example, fēi Yīngyǔ guójiā; fēi chuántǒng wénhuà; fēi xuéxiào jiàoyù (non-English speaking countries, non-traditional culture and non-school education), etc.

fǎn–(anti) means contrary to the concept following the word "fǎn", for example, fǎn kēxué; fǎn dàodé; fǎn rénmín; fǎn shèhuì (anti-science, anti-morality, anti-people, anti-society), etc.

–zhě：means people who..., for example, zǔzhīzhě; àihàozhě; zhǔbànzhě (organizer, ... lover, sponsor), etc.

▶ 2. 中国人应聘时的谦虚态度
Modest attitude that Chinese people adopt when they attend job interviews

中国人的谦虚态度甚至表现在应聘工作的时候。一般认为，向别人介绍自己时应该有所保留，如果夸夸其谈地说自己的特长和优点，会被人认为是不谦虚，即使是在招聘和应聘的时候也是这样。因此，你会听到前来应聘的人介绍自己的专业或特长时会谦卑地说：我学过……；我比较喜欢……。在表示自己对应聘工作的态度时会说：我愿意试一试；如果你能给我这个机会，我将尽我最大的努力，等等。不过，现在这种观念也有所改变。现在年轻人中流行的做法是充分而全面的展示自己的特长与优点，有时甚至可以夸大其词。据说这样可以让人觉得你对自己充满自信，因为连自己都不相信的人谁还会相信你呢？

Chinese people show their modesty even when they attend job interviews. Generally, people should have some reservation when making self-introduction. If they boast of their special skills and strong points, others would not regard them as modest people. It is the case even in job interviews. Therefore, you will hear job-hunters make modest introduction of their major and special skills like this: I've learned... I like... comparatively. They would say as follows when expressing their attitudes towards the job: I wish to have a try, If you give me the chance, I will try my best, etc. But now, things have changed a little. What is popular among young people now is displaying fully and comprehensively their special skills and strong points, sometimes even exaggerating them. It is said that by doing so people would feel that you are a self-confident person. Who else would trust you if you wouldn't trust yourself?

▶ 3. 家庭主妇 Housewife

"家庭主妇"曾经是一个受批评或者至少是被人瞧不起的概念。在毛泽东主席"妇女能顶半边天"的口号鼓舞下，中国妇女的地位得到了彻底的解放。妇女们从事着几乎所有职业类型的工作。因此，十多年以前，基本上中国所有的家庭都是"双职工"。但是这种情况在今天有了一些变化。随着丈夫收入的大幅度增加，一些妇女重新回到家庭，担负起养育孩子、照顾丈夫和料理家务的责任。从经济上来说，这些"家庭主妇”们的家庭往往经济富裕，丈夫也希望夫人能将精力更多地放在家庭上。因此，“家庭主妇”一词现在已经演变成中性词了。

Housewife was once a concept criticized or at least looked down upon by others. Encouraged by Chairman Mao Zedong's slogan that "Women can hold up half of the sky", the status of Chinese women has been completely improved. Women do almost all kinds of jobs. Therefore, almost all Chinese households were double-income family over ten years ago. But there have been some changes nowadays. As husbands' income increases by a big margin, some women return to their family and take up the responsibilities of looking after their children and husband and handling housework. These housewives usually come from the well-to-do families. The husband hopes the wife would spend more time on family. So the word "housewife" has now already become a neutral word.

▶ 4. 如何问隐私与提建议 On asking about private matters and raising suggestions

中国人在问及别人隐私或者向别人提出一些建议时，往往使用一些比较客气和委婉的词语，使语气更加缓和，或者给自己留下一个回旋的余地。常用的词语有：冒昧、斗胆、恕我直言、不揣冒昧，等等。下面是一些例子：

我冒昧地问一句，您结婚几年了？

我斗胆向您建议：您应该找一个心理医生咨询一下。

恕我直言，这个计划有漏洞。

我有一个问题，不知道该不该问？

我有一个感觉，不知道该说不该说？

Chinese people always use polite and tactful words when asking about other people's private matters or raising suggestions for others. They are doing so to make the tone milder or to make some leeway for themselves. Commonly used words and expressions are: to venture to, to take the liberty to, excuse me for being blunt, I mean no offence, etc. The following are some examples.

Wǒ màomèi de wèn yí jù, nín jiéhūn jǐ nián le?

I venture to ask how many years have you been married?

Wǒ dǒudǎn de xiàng nín jiànyì: Nín yīnggāi zhǎo yí ge xīnlǐ yīshēng zīxún yíxià.

I take the liberty to suggest that you should go and consult a psychotherapist.

Shù wǒ zhíyán, zhè ge jìhuà yǒu lòudòng.

I mean no offence, but the plan has loopholes.

Wǒ yǒu yí ge wèntí, bù zhīdào gāi bù gāi wèn?

I have a question, and I wonder whether I should ask or not.

Wǒ yǒu yí ge gǎnjué, bù zhīdào gāi shuō bù gāi shuō?

I have a feeling, and I wonder whether I should tell or not.

四、练习 Exercises

（一）选词填空 Choose the Proper Word for Each Blank

A 协商　B 履行　C 冒昧　D 过目　E 拟　F 可行　G 运作　H 抽出

1. 发言稿我已经起草好了，请您__________。
2. 这是合作中难免出现的问题，我们应该__________解决。
3. 我__________地问一句，您打算在这个项目上投资多少？
4. 关于下个星期三的谈判，我__________了一个提纲，请你看一下。
5. 既然签了合同，就要严格__________合同中的义务。
6. 这个设想很好，但是在具体__________上有很大的难度。
7. 如果这个计划__________的话，我们就马上开始行动。
8. 希望您这几天能够__________时间把这些材料仔细地看一看。

（二）判断练习 True or False

1. 现在的中国人在应聘时，总是表现得非常谦虚。 □
2. 现在中国不上班的女性比例在下降。 □
3. 如果对别人有什么建议，最好直接告诉对方。 □
4. “妇女能顶半边天”是毛泽东主席说的。 □
5. 中国人说“我可以试一试”时，说明他没有自信。 □

（三）选择正确的答案 Choose the Right Answer

1. 林小姐希望李月芬做翻译的时候，李月芬说自己“可以试一试”，说明：
   A. 李月芬以前从来没有做过翻译。
   B. 李月芬比较谦虚。
   C. 李月芬很想试验自己的英语水平。
   D. 李月芬对翻译工作兴趣并不大。
2. 中国残联不太同意“收费”，是因为：
   A. 残联认为收的钱太少。
   B. 残联觉得自身不是营利性机构。
   C. 残联领导对爱都收费的做法非常反感。
   D. 收费会使一些人不能看演出。
3. 爱都希望中国残联能够作为活动的发起者和主办者是因为：
   A. 爱都的能力有限。
   B. 中国残联非常有经验。
   C. 按照中国的规定，必须有中方主办单位。
   D. 利用残联的地位和影响。
4. 李月芬说自己是“百分之百的家庭主妇”，她有点：
   A. 不幸　　B. 骄傲
   C. 灰心　　D. 烦躁

（四）按照中国人的习惯重说下面的句子 Say the Following Sentences Again According to the Chinese Habits

1. 你的说法不太正确。
2. 你有几个孩子？
3. 我想问你一个问题。
4. 我告诉你，你秘书的话和事实有出入。

五、阅读材料 Reading Material

中国书法艺术

中国书法是表现汉字形体美的艺术，是美的书写。中国人写的字能够成为艺术品，有两个重要的因素：一是汉字是结构型的方块字，有独体、有合体，结构复杂多变，又有各种书体形态；二是使用具有弹性的毛笔作为书写工具，能写出各种形态的点画。

自从中国古人使用方块汉字以来，就开始注意美化汉字的形态，要求把汉字写得端正、匀称，这是汉字的常态之美。为此，中国古人总结了用笔、用墨的各种技法，把书法当做具有骨、筋、肉、血的生命体，在书写中寄寓自己的审美理想，显示自己的风度，展现自己的人格。

中国书法在其发展过程中，经过书法家、书论家的总结，逐渐形成了专门的理论体系。历代的书论所表达的书法观念，有的侧重艺术，有的看重人格，有的注重伦理，有的主张自然，有的重视造型，有的提倡抒情。种种古典的书法理论，是以儒家、道家以及释家的思想观念为基石，所以，书法艺术的基本精神是：崇尚“神采”，崇尚“自然”，崇尚“意境”。

汉字的形体是书法造型的基础。每一个汉字都是由“点画”组合的“结构”。“点画”是书法的元素，“结构”是书法的基本单元。而且要依照汉字的笔顺书写，不能重复和填描，这个特点与绘画大不一样。

书法最基本的表现手法是用笔，一般称为“笔法”。例如中锋 、侧锋，提按、使转，顺势、涩势。熟练地掌握了各种用笔方法，才能写出或粗或细、或刚或柔的“点画”，使“点画”呈现出方圆曲直的形状、俯仰向背的姿态，具有力感、动感，自然美观。不同的书体，用笔的方法也有不同，写篆书，运笔要婉转；写草书，运笔要流畅。

表现“结构”的方法称为“结字法”。汉字大多是合体字，上下左右的部件形态各异，笔画有繁有简，古人归纳汉字的结构类型，总结出一些结字的基本规律。这些基本法则是由楷书中总结出来的，要表现其他书体的结构美，还要活用这些法则。特别是写行书和草书，是在快速运笔过程中完成造型，需要通过运笔的快慢，笔画的强弱，空白的呼应，大小的错落等艺术手法，造成各种出奇不意的形态变化，表现书法的节奏、韵律。

安排整篇书法作品布局的方法称为“章法”。书写篆书、隶书、楷书作品，可以纵成行，横成列，也可以纵成行而横不成列，还可以纵横错落。写行书、草书，一般是纵成行，行间的距离可大可小，比较自由。

中国书法是随着汉字的应用而传播的。历史上，中国周边的一些国家，如日本、韩国、越南，很早就使用汉字来记录语言，书法也随之传入。随着各国文化的彼此交流，中国的书法艺术品吸引了世界各国艺术家的关注。

第九课　举办音乐会

一、课文　Text

（一）访问残疾儿童

[林小姐陪简尼访问谢小敏家]

林小姐： 谢妈妈，您好。我们是爱都组织的。你们家培养了一位了不起的儿童音乐家，所以我们今天特地登门拜访。

妈　妈： 哎呀，是林小姐吧，快请进！你不要那么客气。这位是？

林小姐： 这位是我们爱都的行政主管简尼女士。

简　尼： 您好！打扰了。

妈　妈： 哪里哪里。快请坐。小敏，快给客人让座！请喝茶。

简　尼： 不要客气。这就是小敏呀。我听说你很了不起呀。报纸上说，你得了不少大奖呢。

妈　妈： 可别看报纸上写的，那都是些溢美之辞。其实，我们家小敏还小着呢，淘气着呢。

简　尼： 他的小提琴是怎么练的？什么时候开始练的？

妈　妈： 哎，说来话长。小敏四岁的时候在一次手术事故中双目失明。为了充实他的业余生活，我们就给他请了一个音乐教师，教他小提琴。

简　尼： 从六岁起就开始练习，现在已经练了八年了。

妈　妈：是呀，要说，真的不容易呀。八年来，小敏每天都不间断，坚持练习，开始两年，还需要我们督促，后来，我们就完全不管了。其实，要我们管都管不了，因为，我和他爸爸是乐盲，一点儿也不懂，看着五线谱就头晕。

简　尼：是老师来家里上课吗？

妈　妈：开始几年，家里没有地方，都是我和他爸爸送他到老师家，他学习多长时间，我们就等多长时间。三年前，政府看我们住房困难，给我们分配了住房，现在住得宽敞了，可以把老师请到家里来了。

简　尼：每次课都要给老师学费吧？

妈　妈：以前必须给。自从小敏的事情被报纸登出来以后，音乐学院就把小敏学琴的事包下来了，他们专门给小敏配了音乐教授，说要为残疾儿童培养一个发愤图强的榜样来。

简　尼：谢妈妈，听了谢小敏的事迹，我们很感动，他为世界上的残疾儿童树立了一个榜样。我们爱都特地买了一把特制的小提琴送给小敏。这把琴也是一个残疾人制作的，他虽然是残疾人，但是身残志不残，现在，他是世界上有名的小提琴制作大师。希望谢小敏用这把琴更加刻苦地练习，成为伟大的音乐家。

妈　妈：不行，不行，这么贵重的东西我们怎么可以收呢？

林小姐：谢妈妈，您就不要客气了。既然已经买了，您就收下吧。

妈　妈：那真是太感谢了。时候不早了，我为你们准备午饭去。

林小姐：不用了，谢妈妈，我们该告辞了。顺便问一下，下个星期六的音乐会，小敏已经准备好了吗？

妈　妈：准备好了，这些天，小敏整天都在练习呢。

（二）新闻发布会

杜　乐：各位晚上好。欢迎大家参加今天的新闻发布会，感谢大家对本次活动的关心。首先我来介绍一下，这位是中国残疾人联合会的张主任，本次活动是由爱都和中国残联艺术团共同主办的，我以个人和爱都组织的名义感谢中国残联艺术团卓有成效的工作。现在，大家有什么问题可以提问。

记者 1：请问杜乐先生，你们组织这次世界残疾儿童音乐会的目的是什么？

杜　乐：目的有两个，一是通过这次活动唤起全社会对残疾儿童的关心和重视；二是在残疾儿童中宣传和树立自尊、自强的意识。

记者 2：杜乐先生，我是《太阳报》的记者，我的问题是爱都除了本次活动之外，目前还有哪些活动项目？

杜　乐：我们准备在明年初，邀请世界知名教育机构，包括教育组织、教育慈善机构和学校的代表来参观中国的希望工程，让世界了解中国的教育情况，特别是中国政府在解决困难家庭和地区的儿童教育问题上的具体做法和成绩。

记者 3：我想问张主任一个问题，听说，这次活动并不是一次纯粹的公益活动，而是带有明显的商业气息。这种传闻是否属实？

张主任：这次活动我们采用了一定的商业手段，主要目的不是为了赚钱，而是为了使活动更有保证。因为，大家知道，中国残联和爱都都不是营利性的公司。没有政府拨款，我们的经费很有限。再说，关心残疾人的教育是全社会的事情，我们希望通过这次活动能够为大家，包括一些公司，提供一个展示爱心的机会。

记者 3：你们打算怎么处理活动赚来的钱呢？

张主任：请允许我借用杜乐先生的一句话，那就是“取之于中国，用之于中国”。这笔钱将用到今后的活动中去。如果可能的话，我们今后还将举办类似的活动，继续关心中国残疾儿童的教育事业。

记者 4：请问杜乐先生，听说，你们为了搞好这次活动，临时招募了不少雇员，他们的工资从哪里出？是爱都付呢，还是用本次活动赚的钱来付？

杜　乐：这个问题提得好。我正好借此机会感谢那些来应聘的人们。这次临时招聘的人员，只有很少一部分人需要付工资，大部分人都明确表示愿意无偿地协助我们的工作，他们是义务工作人员。即使是需要付给工资的人，我也要在这里对他们表示感谢，因为，我们所能给的报酬非常少。

记者 5：我想提一个有关您个人的问题，听说杜乐先生领养了好几个中国孤儿，是真的吗？

杜　乐：请允许我对此问题保持沉默，因为，我和我的夫人都认为这是属于我们个人的秘密。

记者 5：那么可不可以问您：您的夫人是不是也很赞成您领养中国孤儿呢？

杜　乐：确切地说，领养中国孤儿首先是我夫人的意思。

张主任：对不起，由于时间的原因，今天的新闻发布会到此结束。谢谢大家！

（三）主持人台词

女士们！先生们！你们好！欢迎大家参加由中国残疾人联合会艺术团和爱都组织共同举办的世界残疾儿童音乐会。请允许我来介绍一下出席今天音乐会的领导和贵宾。出席今天音乐会的有：中国残疾人联合会副主席古道先生、联合国儿童基金会总干事Jackson 先生；还有来自世界各地残疾人学校的校长们。我们对他们的光临表示欢迎！（鼓掌）

首先，为我们表演的是来自美国的盲人儿童 Jean Smith，她练习钢琴已经五年了，参加过多次音乐会，并且在纽约举办过个人音乐会。她为大家演出的曲目是：贝多芬的"致爱丽斯"。

下面为我们演出的是来自埃及的阿尔法，阿尔法虽然被认为是天生的智障儿童，不能接受正常的学校教育，但是他对音乐具有天生的悟性，节奏感强。经过多年的学习，他的架子鼓技术已经出神入化。下面请他表演。（鼓掌）

谢小敏！谢小敏！谢小敏来自中国，六岁开始学习小提琴，如今在中国已是家喻户晓的小提琴演奏家了。谢小敏虽然四岁就失明了，但他以自己的刻苦和努力获得了成功，赢得了人们的尊重，也为全世界残疾儿童树立了榜样。今天他要给大家演奏的是"梁山伯与祝英台"。

接下来为我们演出的是来自英国的帕特瑞西娅，她为我们演奏小号，大家欢迎！

让我们再一次为小演员们的精彩演出鼓掌！艺术长青，生命万岁！我们祝愿他们继续做生活的强者，祝全世界的儿童包括残疾儿童幸福美满，欢乐长在。演出到此结束，谢谢大家。

(一) Fǎngwèn Cánjí Értóng

[Lín xiǎojiě péi Jiǎnní fǎngwèn Xiè Xiǎomǐn jiā]

Lín xiǎojiě: Xiè māma, nín hǎo. Wǒmen shì Àidū zǔzhī de. Nǐmen jiā péiyǎngle yí wèi liǎobuqǐ de értóng yīnyuè jiā, suǒyǐ wǒmen jīntiān tèdì dēngmén bàifǎng.

Māma: Āiyā, shì Lín xiǎojiě ba, kuài qǐng jìn! Nǐ bú yào nàme kèqi. Zhè wèi shì?

Lín xiǎojiě: Zhè wèi shì wǒmen Àidū de xíngzhèng zhǔguǎn Jiǎnní nǚshì.

Jiǎnní: Nín hǎo! Dǎrǎo le.

Māma: Nǎlǐ nǎlǐ. Kuài qǐng zuò. Xiǎomǐn, kuài gěi kèrén ràngzuò! Qǐng hēchá.

Jiǎnní: Bú yào kèqi. Zhè jiùshì Xiǎomǐn ya. Wǒ tīngshuō nǐ hěn liǎobuqǐ ya. Bàozhǐ shang shuō, nǐ déle bù shǎo dà jiǎng ne.

Māma: Kě bié kàn bàozhǐ shang xiě de, nà dōu shì xiē yìměi zhī cí. Qíshí, wǒmen jiā Xiǎomǐn hái xiǎozhe ne, táoqìzhe ne.

Jiǎnní: Tā de xiǎotíqín shì zěnme liàn de? Shénme shíhou kāishǐ liàn de?

Māma: Ài, shuō lái huà cháng. Xiǎomǐn sì suì de shíhou zài yí cì shǒushù shìgù zhōng shuāngmù shīmíng. Wèile chōngshí tā de yèyú shēnghuó, wǒmen jiù gěi tā qǐngle yí ge yīnyuè jiàoshī, jiāo tā xiǎotíqín.

Jiǎnní: Cóng liù suì qǐ jiù kāishǐ liànxí, xiànzài yǐjīng liànle bā nián le.

Māma: Shì ya, yàoshuō, zhēn de bù róngyì ya. Bā nián lái, Xiǎomǐn měi tiān dōu bù jiànduàn, jiānchí liànxí, kāishǐ liǎng nián, hái xūyào wǒmen dūcù, hòulái, wǒmen jiù wánquán bù guǎn le. Qíshí, yào wǒmen guǎn dōu guǎn bù liǎo, yīnwèi, wǒ hé tā bàba shì yuèmáng, yìdiǎnr yě bù dǒng, kànzhe wǔxiànpǔ jiù tóuyūn.

Jiǎnní: Shì lǎoshī lái jiā lǐ shàngkè ma?

Māma: Kāishǐ jǐ nián, jiā lǐ méiyǒu dìfang, dōu shì wǒ hé tā bàba sòng tā dào lǎoshī jiā, tā xuéxí duō cháng shíjiān, wǒmen jiù děng duō cháng shíjiān. Sān nián qián, zhèngfǔ kàn wǒmen zhùfáng kùnnán, gěi wǒmen fēnpèile zhùfáng, xiànzài zhù de kuānchang le, kěyǐ bǎ lǎoshī qǐng dào jiā lǐ lái le.

Jiǎnní: Měi cì kè dōu yào gěi lǎoshī xuéfèi ba?

Māma: Yǐqián bìxū gěi. Zìcóng Xiǎomǐn de shìqing bèi bàozhǐ dēng chūlái yǐhòu, Yīnyuè Xuéyuàn jiù bǎ Xiǎomǐn xué qín de shì bāo xiàlái le, tāmen zhuānmén gěi Xiǎomǐn pèile yīnyuè jiàoshòu, shuō yào wèi cánjí értóng péiyǎng yí ge fāfèn-túqiáng de bǎngyàng lái.

Jiǎnní: Xiè māma, tīngle Xiè Xiǎomǐn de shìjì, wǒmen hěn gǎndòng, tā wèi shìjiè shang de cánjí értóng shùlìle yí ge bǎngyàng. Wǒmen Àidū tèdì mǎile yì bǎ tèzhì de xiǎotíqín sòng gěi Xiǎomǐn. Zhè bǎ qín yě shì yí ge cánjírén zhìzuò de, tā suīrán shì cánjírén, dànshì shēn cán zhì bù cán, xiànzài, tā shì shìjiè shang yǒumíng de xiǎotíqín zhìzuò dàshī. Xīwàng Xiè Xiǎomǐn yòng zhè bǎ qín gèngjiā kèkǔ de liànxí, chéngwéi wěidà de yīnyuèjiā.

Māma: Bù xíng, bù xíng, zhème guìzhòng de dōngxi wǒmen zěnme kěyǐ shōu ne?

Lín xiǎojiě: Xiè māma, nín jiù bú yào kèqi le. Jìrán yǐjīng mǎi le, nín jiù shōuxià ba.

Māma: Nà zhēn shì tài gǎnxiè le. Shíhou bù zǎo le, wǒ wèi nǐmen zhǔnbèi wǔfàn qù.

Lín xiǎojiě: Bú yòng le, Xiè māma, wǒmen gāi gàocí le. Shùnbiàn wèn yíxià, xià ge Xīngqīliù de yīnyuèhuì, Xiǎomǐn yǐjīng zhǔnbèi hǎo le ma?

Māma: Zhǔnbèi hǎo le, zhèxiē tiān, Xiǎomǐn zhěngtiān dōu zài liànxí ne.

（二）Xīnwén Fābùhuì

Dùlè: Gèwèi wǎnshang hǎo. Huānyíng dàjiā cānjiā jīntiān de xīnwén fābùhuì, gǎnxiè dàjiā duì běn cì huódòng de guānxīn. Shǒuxiān wǒ lái jièshào yíxià, zhè wèi shì Zhōngguó Cánjírén Liánhéhuì de Zhāng zhǔrèn, běn cì huódòng shì yóu Àidū hé Zhōngguó Cán-Lián Yìshùtuán gòngtóng zhǔbàn de, wǒ yǐ gèrén hé Àidū zǔzhī de míngyì gǎnxiè Zhōngguó Cán-Lián Yìshùtuán zhuó yǒu chéngxiào de gōngzuò. Xiànzài, dàjiā yǒu shénme wèntí kěyǐ tíwèn.

Jìzhěyī: Qǐngwèn Dùlè xiānsheng, nǐmen zǔzhī zhè cì Shìjiè Cánjí Ertóng Yīnyuèhuì de mùdì shì shénme?

Dùlè: Mùdì yǒu liǎng ge, yīshì tōngguò zhè cì huódòng huànqǐ quán shèhuì duì cánjí értóng de guānxīn hé zhòngshì; Èr shì zài cánjí értóng zhōng xuānchuán hé shùlì zìzūn, zìqiáng de yìshí.

Jìzhě'èr: Dùlè xiānsheng, wǒ shì *Tàiyáng Bào* de jìzhě, wǒ de wèntí shì Àidū chúle běn cì huódòng zhī wài, mùqián hái yǒu nǎxiē huódòng xiàngmù?

Dùlè: Wǒmen zhǔnbèi zài míngnián chū, yāoqǐng shìjiè zhīmíng jiàoyù jīgòu, bāokuò jiàoyù zǔzhī, jiàoyù císhàn jīgòu hé xuéxiào de dàibiǎo lái cānguān Zhōngguó de xīwàng gōngchéng, ràng shìjiè liǎojiě Zhōngguó de jiàoyù qíngkuàng, tèbié shì Zhōngguó zhèngfǔ zài jiějué kùnnán jiātíng hé dìqū de értóng jiàoyù wèntí shang de jùtǐ zuòfǎ hé chéngjì.

Jìzhěsān: Wǒ xiǎng wèn Zhāng zhǔrèn yí ge wèntí, tīngshuō, zhè cì huódòng bìng bú shì yí cì chúncuì de gōngyì huódòng, ér shì dàiyǒu míngxiǎn de shāngyè qìxī. Zhè zhǒng chuánwén shìfǒu shǔshí?

Zhāng Zhǔrèn: Zhè cì huódòng wǒmen cǎiyòngle yídìng de shāngyè shǒuduàn, zhǔyào mùdì bú shì wèile zhuànqián, érshì wèile shǐ huódòng gèng yǒu bǎozhèng. Yīnwèi, dàjiā zhīdào, Zhōngguó Cán-Lián hé Àidū dōu bú shì yínglìxìng de gōngsī. Méiyǒu zhèngfǔ bōkuǎn, wǒmen de jīngfèi hěn yǒuxiàn. Zàishuō, guānxīn cánjírén de jiàoyù shì quán shèhuì de shìqing, wǒmen xīwàng tōngguò zhè cì huódòng nénggòu wèi dàjiā, bāokuò yìxiē gōngsī, tígōng yí ge zhǎnshì àixīn de jīhuì.

Jìzhěsān: Nǐmen dǎsuàn zěnme chǔlǐ huódòng zhuànlái de qián ne?

Zhāng Zhǔrèn: Qǐng yǔnxǔ wǒ jièyòng Dùlè xiānsheng de yí jù huà, nà jiùshì "Qǔ zhī yú Zhōngguó, yòng zhī yú Zhōngguó". Zhè bǐ qián jiāng yòngdào jīnhòu de huódòng zhōng qù. Rúguǒ kěnéng de huà, wǒmen jīnhòu hái jiāng jǔbàn lèisì de huódòng, jìxù guān-xīn Zhōngguó cánjí értóng de jiàoyù shìyè.

Jìzhěsì: Qǐngwèn Dùlè xiānsheng, tīngshuō, nǐmen wèile gǎohǎo zhè cì huódòng, línshí zhāomùle bù shǎo gùyuán, tāmen de gōngzī cóng nǎlǐ chū? Shì Àidū fù ne, háishi yòng běn cì huódòng zhuàn de qián lái fù?

Dùlè: Zhè ge wèntí tí de hǎo. Wǒ zhèng hǎo jiè cǐ jīhuì gǎnxiè nàxiē lái yìngpìn de rénmen. Zhè cì línshí zhāopìn de rényuán, zhǐyǒu hěn shǎo yí bùfen xūyào fù gōngzī, dà bùfen rén dōu míngquè biǎoshì yuànyì wúcháng de xiézhù wǒmen de gōngzuò, tāmen shì yìwù gōngzuò rényuán. Jíshǐ shì xūyào fùgěi gōngzī de rén, wǒ yě yào zài zhèlǐ duì tāmen biǎoshì gǎnxiè, yīnwèi, wǒmen suǒ néng gěi de bàochou fēicháng shǎo.

Jìzhěwǔ: Wǒ xiǎng tí yí ge yǒuguān nín gèrén de wèntí,

tīngshuō Dùlè xiānsheng lǐngyǎngle hǎo jǐ ge Zhōngguó gū'ér, shì zhēn de ma?

Dùlè: Qǐng yǔnxǔ wǒ duì cǐ wèntí bǎochí chénmò, yīnwèi, wǒ hé wǒ de fūrén dōu rènwéi zhè shì shǔyú wǒmen gèrén de mìmì.

Jìzhěwǔ: Nàme kě bù kěyǐ wèn nín: nín de fūrén shì bú shì yě hěn zànchéng nín lǐngyǎng Zhōngguó gū'ér ne?

Dùlè: Quèqiè de shuō, lǐngyǎng Zhōngguó gū'ér shǒuxiān shì wǒ fūrén de yìsi.

Zhāng Zhǔrèn: Duìbuqǐ, yóuyú shíjiān de yuányīn, jīntiān de xīnwén fābùhuì dào cǐ jiéshù. Xièxie dàjiā!

(三) Zhǔchírén Táicí

Nǚshìmen! Xiānshengmen! Nǐmen hǎo! Huānyíng dàjiā cānjiā yóu Zhōngguó Cánjírén Liánhéhuì Yìshùtuán hé Àidū zǔzhī gòngtóng jǔbàn de Shìjiè Cánjí Értóng Yīnyuèhuì. Qǐng yǔnxǔ wǒ lái jièshào yíxià chūxí jīntiān yīnyuèhuì de lǐngdǎo hé guìbīn. Chūxí jīntiān yīnyuèhuì de yǒu: Zhōngguó Cánjírén Liánhéhuì fùzhǔxí Gǔ Dào xiānsheng, Liánhéguó Értóng Jījīnhuì zǒng gànshi Jackson xiānsheng; Hái yǒu láizì shìjiè gè dì cánjírén xuéxiào de xiàozhǎngmen. Wǒmen duì tāmen de guānglín biǎoshì huānyíng! (gǔzhǎng)

Shǒuxiān, wèi wǒmen biǎoyǎn de shì láizì Měiguó de mángrén értóng Jean Smith, tā liànxí gāngqín yǐjīng wǔ nián le, cānjiāguo duō cì yīnyuèhuì, bìngqiě zài Niǔyuē jǔbànguo gèrén yīnyuèhuì. Tā wèi dàjiā yǎnchū de qǔmù shì: Bèiduōfēn de *Zhì Àilìsī.*

Xiàmiàn wèi wǒmen yǎnchū de shì láizì Āijí de Ā'ěrfǎ, Ā'ěrfǎ suīrán bèi rènwéi shì tiānshēng de zhìzhàng értóng, bù néng jiēshòu zhèngcháng de xuéxiào jiàoyù, dànshì tā duì yīnyuè jùyǒu tiānshēng de wùxìng, jiézòugǎn qiáng. Jīngguò duō nián de xuéxí, tā de jiàzigǔ jìshù yǐjīng chūshén-rùhuà. Xiàmiàn qǐng tā biǎoyǎn. (gǔzhǎng)

Xiè Xiǎomǐn! Xiè Xiǎomǐn! Xiè Xiǎomǐn láizì Zhōngguó, liù suì kāishǐ xuéxí xiǎotíqín, rújīn zài Zhōngguó yǐ shì jiāyù-hùxiǎo de xiǎotíqín yǎnzòujiā le. Xiè Xiǎomǐn suīrán sì suì jiù shīmíng le, dàn tā yǐ zìjǐ de kèkǔ hé nǔlì huòdéle chénggōng, yíngdéle rénmen de zūnzhòng, yě wèi quán shìjiè cánjí értóng shùlì le bǎngyàng. Jīntiān tā yào gěi dàjiā yǎnzòu de shì *Liáng Shānbó yǔ Zhù Yīngtái.*

Jiē xiàlái wèi wǒmen yǎnchū de shì láizì Yīngguó de Pàtèruìxīyà, tā wèi wǒmen yǎnzòu xiǎohào, dàjiā huānyíng!

Ràng wǒmen zài yí cì wèi xiǎo yǎnyuánmen de jīngcǎi yǎnchū gǔzhǎng! Yìshù cháng qīng, shēngmìng wànsuì! Wǒmen zhùyuàn tāmen jìxù zuò shēnghuó de qiángzhě, zhù quán shìjiè de értóng bāokuò cánjí értóng xìngfú měimǎn, huānlè cháng zài. Yǎnchū dào cǐ jiéshù, xièxie dàjiā!

二、生词注释 New Words

1 **特地** tèdì specially

例句：（1）听说你要来北京，我特地推迟了出国的日期。I hear that you are coming to Beijing, so I specially postpone the departure date of my overseas trip.

（2）这个位子是特地为你留下的。The seat is specially reserved for you.

2 **行政主管** xíngzhèng zhǔguǎn chief administrator

3 **让座** ràngzuò to invite a guest to take a seat

4 **溢美之辞** yìměi zhī cí fulsome compliment

5 **淘气** táoqì naughty

6 **说来话长** shuō lái huà cháng It's a long story...

7 **间断** jiànduàn pause

例句：（1）学习一门外语就是应该坚持，不能间断。Foreign language study should be kept up without pause.

（2）十多年来，他坚持写日记，从不间断。He has been keeping a diary without pause over the past ten years and more.

8 **督促** dūcù to urge

例句：（1）孩子毕竟还小，在学习上需要有人督促。The kid is still young after all and needs to be urged to study.

（2）请你督促大家加快一点儿速度。Please urge everyone to hurry up.

9 **乐盲** yuèmáng to have no ear for music

10 **五线谱** wǔxiànpǔ staff

11 **发愤图强** fāfèn-túqiáng to make a determined effort; to endeavor

12 **慈善机构** císhàn jīgòu charity institution

13 **纯粹** chúncuì purely

例句：（1）这纯粹是我个人的事情，不需要大家知道。This is purely my personal business. There's no need for others to know about it.

（2）这么做纯粹是为了节省时间，没有别的意思。It is purely for the purpose of saving time to do so.

14 拨款 bōkuǎn allotted funds

15 招募 zhāomù to recruit, to enlist

例句: (1) 广告登出不到一个星期，就招募到了五十多人。Over 50 people have been recruited in less than a week after the advertisement had been put in the newspaper.

(2) 公司正在招募懂电脑、会外语的行政主管。The company is recruiting a chief administrator who should be good at computer and foreign language skills.

16 台词 táicí actor's lines

17 智障 zhìzhàng mentally handicapped

18 架子鼓 jiàzigǔ drum set

19 出神入化 chūshén-rùhuà to be superb and reach the acme perfection

20 家喻户晓 jiāyù-hùxiǎo widely known; household name

例句: (1) 这首曲子在中国家喻户晓，连三岁的孩子都会唱。This melody is so widely known in China that even a three-year-old child can sing it.

(2) 他可是家喻户晓的大人物。He is a household name.

三、背景知识 Background Information

1. 给客人让座 Invite the guest to take a seat

客人来到家中，或者来到自己的办公室，应该起身打招呼，还应该给客人让座。对待有身份的或者是自己尊重的客人，不仅要让座，而且要把最好的位子让给他。被让座的人应该表示谦让，声明自己很随意，坐哪儿都可以。

When the guest visits the home or office of the host, the host should stand up to greet him or her and invite him or her to take a seat. Those distinguished and respectable guests should be offered the best seats and they should express modesty by saying that they don't care and any seat will do.

2. 收取礼物时的谦辞 Things to say when accepting gifts

收取别人的礼物，中国人不是像西方人那样极尽赞美之辞，而是表示谦让。常见的谦辞有：

还送什么礼，你真是太客气了。

这礼物我可真是不能收。

你这样真是见外了。

这么贵重的礼物，我可不能收。

When accepting gifts, Chinese people often show their modesty, instead of trying to say everything to praise the gifts like western people would do. Commonly used expressions are:

You are so kind. Actually, you don't have to give it to me.

I indeed can't accept the gift.

I will feel I'm being treated as a stranger, really.

I can not accept such a valuable gift.

▶ 3. 梁山伯与祝英台 Liang Shanbo and Zhu Yingtai, Butterfly Lovers

这是一个美丽凄凉的爱情传说。古代少女祝英台女扮男装去杭州求学，结识同学梁山伯，二人非常投机，结为好友。三年后，祝英台先回故乡，两年后梁山伯也离开杭州回家。梁山伯去访问祝英台时才发现她原来是位少女。梁山伯向祝家求婚，但是祝英台已经被嫌贫爱富的父母许配给了大户人家的马公子。梁山伯闷闷不乐地回到家中，不久就病逝了。第二年，祝英台出嫁到马家，路经梁山伯的墓地时，风雨大作，祝英台大哭。忽然，坟墓裂开，祝英台跳入墓中。一会儿，雨过天晴，墓中飞出一双蝴蝶，翩翩起舞。这个故事歌颂了坚贞不渝的爱情。现代有人将这个故事谱成了有名的小提琴协奏曲“梁祝”，被西方人称为“蝴蝶的爱情”。

It is a beautiful but miserable love story. In ancient times, a young lady Zhu Yingtai disguised herself as a man and went to pursue study in Hangzhou where she met Liang Shanbo, a male classmate. The two got along so well that they became good friends. Three years later, Zhu Yingtai went back to her hometown. Liang Shanbo also left Hangzhou for home two years later. It was not until Liang Shanbo visited Zhu Yingtai did he find that Yingtai was a girl. Liang Shanbo then proposed to Zhu's family. But Zhu Yingtai had already been betrothed by her wealth-pursuing parents to the son of the wealthy family Ma. Liang Shanbo went back home sadly and passed away not long after. Zhu Yingtai went to marry the son of Ma family the next year. But when she passed by Liang's tomb, there was a big storm, she cried sadly. Then the tomb split open suddenly and she jumped into it. It was clear not long after a pair of dancing butterflies flied out of the tomb. The story extolled the true love between them. In modern times, the story was composed into a well-known violin concerto "Liang Zhu", known as "Butterfly Lovers".

四、练习 Exercises

（一）选词填空 Choose the Proper Word for Each Blank

A 间断 B 家喻户晓 C 招募 D 淘气 E 出神入化 F 纯粹 G 特地 H 督促

1. 工程需要加快速度，请你__________大家再加一把劲儿。
2. 中国杂技运动员的表演真是__________。
3. 王先生现在是__________的科学家。
4. 孩子太__________了，需要管一管。
5. 多年来，他从没__________对中国经济的注意和观察。
6. 大家说看这样的电影__________是浪费时间。
7. 我们去山西出差，__________给你带了两瓶醋。
8. 这样的雇员应该到大学毕业生中去__________。

（二）判断练习 True or False

1. 客人来到办公室里，应该起身让座。 □
2. 办公室里的位子不分好坏，哪儿都可以坐。 □
3. 中国在历史上树立了很多供人学习的榜样。 □
4. 现在中国人并不提倡向优秀的人学习。 □
5. 中国人在接受别人的礼物时也像西方人一样要说声“谢谢”，并且极力赞美它。 □
6. 对贵重的礼物首先应该表示拒绝后才能接受。 □

（三）句型学习与理解 Sentence Pattern Study and Comprehension

1. 你们家培养了一位了不起的儿童音乐家，所以我们今天特地登门拜访。

   用“特地”将下列句子各连成一句话：

   A. 办事处出了一点问题。董事长来到北京解决问题。

   B. 今天是三八妇女节。他给他的夫人买了一块金表。

   C. 听说他住院了。我们买了鲜花去医院看他。

2. 大家知道，中国残联和爱都都不是营利性的公司，没有政府拨款，我们的经费很有限。再说，关心教育和关心残疾人的教育是全社会的事情，我们希望能够通过这次活动能为大家，包括一些公司，提供一个展示爱心的机会。

用“再说”连接下面句子：

A. 我只想学习听说，不想学习汉字。汉字很难。我在中国只待一年。

B. 计算机理论对大家的工作没有什么用处。对大家的计算机考试只考动手能力，不考理论。

C. 我们不想请阿姨，请不到会说英文的阿姨。我们家的家务活儿不多。

（四）下列情景下，你应该如何说？

Offer the Appropriate Response for the Following Occasions

1. 朋友为你回国准备了一些非常好的礼物。
2. 在合作结束后，你的客户送给你一个礼物表示纪念。
3. 在一次酒会上，主人让你坐在一个重要的位子上。
4. 一次偶然的机会，你结识了一位中国朋友。分手时他送给你一个十分珍贵的礼物。

五、阅读材料　Reading Material

中国茶文化

中国是茶的故乡，制茶、饮茶已有几千年历史。中国茶品荟萃，主要品种有绿茶、红茶、乌龙茶、花茶、白茶、黄茶。茶有健身、治疾的药物疗效，又富欣赏情趣，可陶冶情操。品茶、待客是中国人高雅的娱乐和社交活动，坐茶馆、开茶话会则是中国人群体性的茶艺活动。中国茶艺在世界享有盛誉，在唐代就传入日本，形成日本茶道。

饮茶始于中国。茶叶冲以煮沸的清水，顺乎自然，清饮雅尝，寻求茶的固有之味，重在意境，这是中式品茶的特点。同样质量的茶叶，如用水不同、茶具不同或冲泡技术不一，泡出的茶汤会有不同的效果。中国自古以来就十分讲究茶的冲泡，积累了丰富的经验。泡好茶，要了解各类茶叶的特点，掌握科学的冲泡技术，使茶叶的固有品质能充分地表现出来。

中国人饮茶，注重一个“品”字。“品茶”不但是鉴别茶的优劣，也带有神思遐想和领略饮茶情趣之意。在百忙之中泡上一壶浓茶，择雅静之处，自斟自饮，可以消除疲劳、振奋精神，也可以细啜慢饮，达到美的享受，使精神世界升华到高尚的艺术境界。品茶的环境一般由建筑物、园林、摆设、茶具等因素组成。人们利用园林或自然山水间，搭设茶室，让人们小憩，意趣盎然。

中国是礼仪之邦，很重礼节。凡来了客人，沏茶、敬茶的礼仪是必不可少的。当有客人来访，可征求其意见，选用最合来客口味的茶叶和最适合冲泡的茶具待客。主人在陪伴客人饮茶时，要注意客人杯、壶中的茶水剩余量，一般用茶壶泡茶，如已喝去一半，就要添加开水，随喝随添，使茶水浓度基本保持前后一致，水温适宜。在饮茶时也可适当佐以茶食、糖果、菜肴等，达到调节口味之功效。

第十课　告别中国

一、课文　Text

（一）请朋友吃饭

［杰克在办公室给中国朋友们打电话］

杰　克： 您好，我是杰克，爱都的乐佩斯·杰克，我找张教授。

啊，您好，张教授。好久不见了，最近忙吧？

我还好。我要告诉您的是，我要回国了。具体时间是下个星期三。为了感谢您这两年来对我工作的支持和帮助，我想邀请您和您的夫人来我家吃顿晚饭。

哦，不要客气。是应该的。

不知道星期六晚上您有没有时间？晚上7点可以吗？我已经把请柬给您寄出去了，估计这两天您就可以收到我的邀请。

好，那就一言为定。

杰　克：（拨电话）您好，请问王处长在家吗？

啊，您好，王处长。我给您打了好几次电话，您都不在家，看来您还是那样忙呀！

对，我就是想告诉您，我回国的事已经定下来了。时间是下个星期三。

为了感谢各位中国朋友对我的帮助，我打算在星期六晚上7点邀请朋友们来我家聚一聚。不知道您能不能抽出时间？

我已经给您寄了邀请信，相信您能够收到。

[杰克在家迎候客人]

王老师： 你们好！

杰　克： 哎呀！王老师，欢迎欢迎。您这是第一次来我们家，稀客，稀客呀。

王老师： 对不起，我迟到了，路上车堵得厉害。

杰　克： 没有关系。我给您把大衣挂起来。

王老师： 谢谢。这是我的朋友从老家带来的茶叶，是今年刚采摘的，味道不错，送给你尝尝。

杰　克： 您太客气。来，我来介绍一下：这位是我的汉语老师王先生，这位是张教授。

张教授： 我们认识。王先生好！

王老师： 张教授好。上次武汉见面以后我们已经有两年没有见面了吧？

张教授： 可不是。

[酒席上]

杰　克： 我在北京工作的这三年，得到了各位朋友的关照，今天，略备薄酒一杯，表示我的谢意。

王处长： 哎呀，何必这么客气。应该是我们为你饯行，反而你来请我们，不好意思了！

杰　克： 哪里的话。来，我们举杯，为我们的友谊和合作，为张教授、王老师、王处长的健康，干杯！

大　家： 干杯！

[送别客人]

张教授： 杰克，时候不早了，我们该告辞了。感谢你热情的招待。

杰　克： 我送你们下楼。

大　家： 别送了。请留步！

杰　克： 那好，我就不远送了，各位慢走。

大　家： 请留步。再见。

（二）买中国礼品

杰　克： 林小姐，明天下午你有时间吗？

林小姐： 明天是星期六，我有时间。我能为你做什么吗？

杰　克： 我回国之前想买点儿中国纪念品，送给美国的朋友们。想请你给我当一当参谋。

林小姐： 没问题，我很愿意效劳。你想买些什么样的礼物？

杰　克： 当然是一些有中国特色的东西，能够体现中国的文化，而且要有趣。

林小姐： 那样的话，我建议去琉璃厂，那儿有很多的中国文化用品商店。

杰　克： 那好，明天我开车到你家去接你。

林小姐： 不用去我家了，我8点半在办公室等你。

[在琉璃厂某商店]

林小姐： 你想送给什么样的人？

杰　克： 我想送给我的两个妹妹，还要送给我的爸爸妈妈。

林小姐：送给你的妹妹，最好选中国的檀香扇，或者玉石做的饰品，比如手镯、胸针等。

杰　克：好主意。这对玉石就很好。

林小姐：这不是玉的，是石头的，是有名的寿山石，比普通的玉还贵呢。

杰　克：那就买它吧。我还想买一对儿首饰盒，我的两个妹妹特别喜欢买项链和戒指这样的首饰，我给她们买一个漂亮的首饰盒，她们一定高兴。

林小姐：当然啦。请问你爸爸妈妈多大年纪？

杰　克：六十多岁吧。

林小姐：那你可以送他们一幅中国画，中国有很多送给老人的画，画的意义很有讲究。你看，这幅画，画的是一只猫，在追两只蝴蝶。猫和蝶，猫蝶，猫蝶，读起来和耄耋一样，耄耋之年是指年纪非常大的人，表示祝别人长寿。你看，这幅画，画的是松树和鹤，这在中国人说来，叫“松鹤延年”，也是祝愿老人健康长寿的意思。

杰　克：那好，买了。两幅都买了。（对服务员）小姐，我还要再买一个红色的手镯。

林小姐：怎么？还有一个妹妹？

杰　克：对，是一个中国妹妹。

林小姐：中国妹妹？

杰　克：对，是送给你的。

林小姐：我哪儿能收你这么贵重的礼物呀？

杰　克：林小姐，我是真心地感谢你对我的帮助。通过三年来的工作交往，我感觉你是一个非常热情真诚的人，是我真正的朋友。希望以后能够与你保持联系。

林小姐： 非常感谢你的赏识，能够成为你的朋友我非常荣幸。

（三）举办告别晚会

[在杜乐先生的官邸，正在举办晚会]

杜　乐： 晚上好！欢迎大家光临。今天我们在这里举办一个意义特别的酒会，欢送和我们朝夕相处的杰克，作为爱都在中国的副代表和项目官，他和我们一起度过了三个年头，现在他任期已满，将另有高就了。（鼓掌）杰克是一位令人敬佩和愉快的人，和他在一起工作总是充满了笑声。这几年的合作，我相信大家和我都有这样的感觉。来，我提议，我们举杯，为杰克祝福，祝愿他在未来的日子里，工作顺利，生活愉快。

大　家： 干杯！干杯！

杰　克： 谢谢。谢谢。首先，我感谢几年来大家对我的支持和帮助。北京是我的第二故乡。我相信我会常回北京来看大家的，不知道大家以后欢不欢迎啊？

大　家： 欢迎欢迎。

林小姐： 杰克，一定要常回北京看看啊，要知道爱都是您的家。这几天您在北京还有什么要办的事情吗？

杰　克： 都已经办好了，谢谢。

杜　乐： 杰克订的是下个星期三的机票，到时候林小姐和老赵去机场送行。

林小姐： 好。杰克，现在请您把眼睛闭上，我们大家要送给您一件礼物。

[杰克闭上眼睛，老赵端上红布盖着的礼物]

杰克，您可以睁开眼睛了。猜一猜，是什么礼物？

杰　克： 我肯定猜不出来，(性急地伸手揭开红布）是瓷器？

杜　乐： 杰克喜爱收集中国瓷器制品，我们送他一尊瓷质的雷锋塑像。平时，杰克总是助人为乐，是我们爱都的“活雷锋”。我们大家都要向杰克学习。

大　家： 向杰克学习！为人民服务！

杰　克： 谢谢大家。我一定继续努力，把雷锋精神带回美国，发扬光大。

* *

（一）Qǐng Péngyou Chīfàn

[Jiékè zài bàngōngshì gěi Zhōngguó péngyoumen dǎ diànhuà]

Jiékè: Nín hǎo, wǒ shì Jiékè, Àidū de Lèpèisī Jiékè, wǒ zhǎo Zhāng jiàoshòu.

À, nín hǎo, Zhāng jiàoshòu. Hǎo jiǔ bú jiàn le, zuìjìn máng ba?

Wǒ hái hǎo. Wǒ yào gàosu nín de shì, wǒ yào huíguó le. Jùtǐ shíjiān shì xià ge Xīngqīsān. Wèile gǎnxiè nín zhè liǎng nián lái duì wǒ gōngzuò de zhīchí hé bāngzhù, wǒ xiǎng yāoqǐng nín hé nín de fūrén lái wǒ jiā chī dùn wǎnfàn.

Ò, bú yào kèqi. Shì yīnggāi de.

Bù zhīdào Xīngqīliù wǎnshang nín yǒu-méiyǒu

shíjiān? Wǎnshang qī diǎn kěyǐ ma?
Wǒ yǐjīng bǎ qǐngjiǎn gěi nín jì chūqù le, gūjì zhè liǎng tiān nín jiù kěyǐ shōudào wǒ de yāoqǐng.
Hǎo, nà jiù yìyánwéidìng.

Jiékè: (Bō diànhuà) Nín hǎo, qǐngwèn Wáng chùzhǎng zài jiā ma?
À, nín hǎo, Wáng chùzhǎng. Wǒ gěi nín dǎle hǎo jǐ cì diànhuà, nín dōu bú zài jiā, kànlái nín hái shì nàyàng máng ya!
Duì, wǒ jiùshì xiǎng gàosu nín, wǒ huíguó de shì yǐjīng dìng xiàlái le. Shíjiān shì xià ge Xīngqīsān. Wèile gǎnxiè gèwèi Zhōngguó péngyou duì wǒ de bāngzhù, wǒ dǎsuàn zài Xīngqīliù wǎnshang qī diǎn yāoqǐng péngyoumen lái wǒ jiā jù yí jù. Bù zhīdào nín néng bù néng chōuchū shíjiān?
Wǒ yǐjīng gěi nín jìle yāoqǐngxìn, xiāngxìn nín nénggòu shōudào.

[Jiékè zàijiā yínghòu kèren]

Wáng lǎoshī: Nǐmen hǎo!

Jiékè: Āiyā! Wáng lǎoshī, huānyíng huānyíng. Nín zhè shì dì-yī cì lái wǒmen jiā, xīkè, xīkè ya.

Wáng lǎoshī: Duìbuqǐ, wǒ chídào le, lùshang chē dǔ de lìhai.

Jiékè: Méiyǒu guānxi. Wǒ gěi nín bǎ dàyī guà qǐlái.

Wáng lǎoshī: Xièxie. Zhè shì wǒ de péngyou cóng lǎojiā dàilái de cháyè, shì jīnnián gāng cǎizhāi de, wèidào bú cuò, sònggěi nǐ chángchang.

Jiékè: Nín tài kèqi. Lái, wǒ lái jièshào yíxià: zhè wèi shì wǒ de Hànyǔ lǎoshī Wáng xiānsheng, zhè wèi shì Zhāng jiàoshòu.

Zhāng jiàoshòu: Wǒmen rènshi. Wáng xiānsheng hǎo!

Wáng lǎoshī: Zhāng jiàoshòu hǎo. Shàng cì Wǔhàn jiànmiàn yǐhòu wǒmen yǐjīng yǒu liǎng nián méiyǒu jiànmiàn le ba?

Zhāng jiàoshòu: Kě bú shì.

[jiǔxí shang]

Jiékè: Wǒ zài Běijīng gōngzuò de zhè sān nián, dédàole gèwèi péngyou de guānzhào, jīntiān, lüè bèi bójiǔ yì bēi, biǎoshì wǒ de xièyì.

Wáng chùzhǎng: Āiyā, hébì zhème kèqi. yīnggāi shì wǒmen wèi nǐ jiànxíng, fǎn'ér nǐ lái qǐng wǒmen, bù hǎo yìsi le!

Jiékè: Nǎlǐ de huà. Lái, wǒmen jǔbēi, wèi wǒmen de yǒuyì hé hézuò, wèi Zhāng jiàoshòu, Wáng lǎoshī, Wáng chùzhǎng de jiànkāng, gānbēi!

Dàjiā: Gānbēi!

[sòngbié kèren]

Zhāng jiàoshòu: Jiékè, shíhou bù zǎo le, wǒmen gāi gàocí le. Gǎnxiè nǐ rèqíng de zhāodài.

Jiékè: Wǒ sòng nǐmen xiàlóu.

Dàjiā: Bié sòng le. Qǐng liúbù!

Jiékè: Nà hǎo, wǒ jiù bù yuǎn sòng le, gèwèi màn zǒu.

Dàjiā: Qǐng liúbù. Zàijiàn.

(二) Mǎi Zhōnguó Lǐpǐn

Jiékè: Lín xiǎojiě, míngtiān xiàwǔ nǐ yǒu shíjiān ma?

Lín xiǎojiě: Míngtiān shì Xīngqīliù, wǒ yǒu shíjiān. Wǒ néng wèi nǐ zuò shénme ma?

Jiékè: Wǒ huíguó zhī qián xiǎng mǎi diǎnr Zhōngguó jìniànpǐn, sòng gěi Měiguó de péngyoumen. Xiǎng qǐng nǐ gěi wǒ dāng yì dāng cānmóu.

Lín xiǎojiě: Méi wèntí, wǒ hěn yuànyì xiàoláo. Nǐ xiǎng mǎi xiē shénmeyàng de lǐwù?

Jiékè: Dāngrán shì yìxiē yǒu Zhōngguó tèsè de dōngxi, nénggòu tǐxiàn Zhōngguó de wénhuà, érqiě yào yǒuqù.

Lín xiǎojiě: Nàyàng de huà, wǒ jiànyì qù Liúlichǎng, nàr yǒu hěn duō de Zhōngguó wénhuà yòngpǐn shāngdiàn.

Jiékè: Nà hǎo, míngtiān wǒ kāichē dào nǐ jiā qù jiē nǐ.

Lín xiǎojiě: Bú yòng qù wǒ jiā le, wǒ bā diǎn bàn zài bàngōngshì děng nǐ.

[zài Liúlichǎng mǒu shāngdiàn]

Lín xiǎojiě: Nǐ xiǎng sònggěi shénmeyàng de rén?

Jiékè: Wǒ xiǎng sònggěi wǒ de liǎng ge mèimei, hái yào sònggěi wǒ de bàba māma.

Lín xiǎojiě: Sònggěi nǐ de mèimei, zuìhǎo xuǎn Zhōngguó de tánxiāngshàn, huòzhě yùshí zuò de shìpǐn, bǐrú shǒuzhuó, xiōngzhēn děng.

Jiékè: Hǎo zhǔyi. Zhè duì yùshí jiù hěn hǎo.

Lín xiǎojiě: Zhè bú shì yù de, shì shítou de, shì yǒumíng de Shòushānshí, bǐ pǔtōng de yù hái guì ne.

Jiékè: Nà jiù mǎi tā ba. Wǒ hái xiǎng mǎi yí duìr shǒushìhé, wǒ de liǎng ge mèimei tèbié xǐhuan mǎi xiàngliàn hé jièzhi zhèyàng de shǒushì, wǒ gěi tāmen mǎi yí ge piàoliang de shǒushìhé, tāmen yídìng gāoxìng.

Lín xiǎojiě: Dāngrán la. Qǐngwèn nǐ bàba māma duō dà niánjì?

Jiékè: Liùshí duō suì ba.

Lín xiǎojiě: Nà nǐ kěyǐ sòng tāmen yì fú Zhōngguóhuà, Zhōngguó yǒu hěn duō sònggěi lǎorén de huà, huà de yìyì hěn yǒu jiǎngjiu. Nǐ kàn, zhè fú huà, huà de shì yì zhī māo, zài zhuī liǎng zhī húdié. Māo hé dié, māo dié, māo dié, dú qǐlái hé màodié yí yàng, màodié zhī nián shì zhǐ niánjì fēicháng dà de rén, biǎoshì zhù biérén chángshòu. Nǐ kàn, zhè fú huà, huà de shì sōngshù hé hè, zhè zài Zhōngguórén shuōlái, jiào “sōnghèyánnián”, yě shì zhùyuàn lǎorén jiànkāng chángshòu de yìsi.

Jiékè: Nà hǎo, mǎi le. Liǎng fú dōu mǎi le. (duì fúwùyuán) Xiǎojiě, wǒ hái yào zài mǎi yí ge hóngsè de shǒuzhuó.

Lín xiǎojiě: Zěnme? Hái yǒu yí ge mèimei?

Jiékè: Duì, shì yí ge Zhōngguó mèimei.

Lín xiǎojiě: Zhōngguó mèimei?

Jiékè: Duì, shì sònggěi nǐ de.

Lín xiǎojiě: Wǒ nǎr néng shōu nǐ zhème guìzhòng de lǐwù ya?

Jiékè: Lín xiǎojiě, wǒ shì zhēnxīn de gǎnxiè nǐ duì wǒ de bāngzhù. Tōngguò sān nián lái de gōngzuò jiāowǎng, wǒ gǎnjué nǐ shì yí ge fēicháng rèqíng zhēnchéng de rén, shì wǒ zhēnzhèng de péngyou. Xīwàng yǐhòu nénggòu yǔ nǐ bǎochí liánxì.

Lín xiǎojiě: Fēicháng gǎnxiè nǐ de shǎngshí, nénggòu chéngwéi nǐ de péngyou wǒ fēicháng róngxìng.

（三）Jǔbàn Gàobié Wǎnhuì

[zài Dùlè xiānsheng de guāndǐ, zhèngzài jǔbàn wǎnhuì]

Dùlè: Wǎnshang hǎo! Huānyíng dàjiā guānglín. Jīntiān wǒmen zài zhèlǐ jǔbàn yí ge yìyì tèbié de jiǔhuì. Huānsòng hé wǒmen zhāoxīxiāngchǔ de Jiékè. Zuòwéi Àidū zài Zhōngguó de fù dàibiǎo hé xiàngmùguān, tā hé wǒmen yìqǐ dùguòle sān ge niántóu. Xiànzài tā rènqī yǐ mǎn, jiāng lìng yǒu gāojiù le. (gǔzhǎng) Jiékè shì yí wèi lìng rén jìngpèi hé yúkuài de rén, hé tā zài yìqǐ gōngzuò zǒngshì chōngmǎnle xiàoshēng. Zhè jǐ nián de hézuò, wǒ xiāngxìn dàjiā hé wǒ dōu yǒu zhèyàng de gǎnjué.

Lái, wǒ tíyì, wǒmen jǔbēi, wèi Jiékè zhùfú, zhùyuàn tā zài wèilái de rìzi lǐ, gōngzuò shùnlì, shēnghuó yúkuài.

Dàjiā: Gānbēi! Gānbēi!

Jiékè: Xièxie. Xièxie. Shǒuxiān, wǒ gǎnxiè jǐ nián lái dàjiā duì wǒ de zhīchí hé bāngzhù. Běijīng shì wǒ de dì-èr gùxiāng. Wǒ xiāngxìn wǒ huì cháng huí Běijīng lái kàn dàjiā de, bù zhīdào dàjiā yǐhòu huān bù huānyíng a?

Dàjiā: Huānyíng huānyíng.

Lín Xiǎojiě: Jiékè, yídìng yào cháng huí Běijīng kànkan a, yào zhīdào Àidū shì nín de jiā. Zhè jǐ tiān nín zài Běijīng hái yǒu shénme yào bàn de shìqing ma?

Jiékè: Dōu yǐjīng bàn hǎo le, xièxie.

Dùlè: Jiékè dìng de shì xià ge Xīngqīsān de jīpiào, dào shíhou Lín xiǎojiě hé Lǎo Zhào qù jīchǎng sòngxíng.

Lín Xiǎojiě: Hǎo. Jiékè, xiànzài qǐng nín bǎ yǎnjing bìshàng, wǒmen dàjiā yào sòng gěi nín yí jiàn lǐwù.

[Jiékè bìshàng yǎnjing, Lǎo Zhào duānshàng hóngbù gàizhe de lǐwù]

Jiékè, nín kěyǐ zhāngkāi yǎnjing le. Cāi yì cāi, shì shénme lǐwù?

Jiékè: Wǒ kěndìng cāi bù chūlái, (xìngjí de shēn shǒu jiēkāi hóngbù) shì cíqì?

Dàjiā: Jiékè xǐ'ài shōují Zhōngguó cíqì zhìpǐn, wǒmen sòng tā yì zūn cízhì de Léi Fēng sùxiàng. Píngshí,

Jiékè zǒng shì zhùrénwéilè, shì wǒmen Àidū de "huó Léi Fēng". Wǒmen dàjiā dōu yào xiàng Jiékè xuéxí.

Dàjiā: Xiàng Jiékè xuéxí! Wèi rénmín fúwù!

Jiékè: Xièxie dàjiā. Wǒ yídìng jìxù nǔlì, bǎ Léi Fēng jīngshen dàihuí Měiguó, fāyáng-guāngdà.

二、生词注释 New Words

1 一言为定 yìyánwéidìng a deal

2 稀客 xīkè rare visitors

3 饯行 jiànxíng farewell dinner

例句：(1) 刘先生明天就要去重庆工作了，我们今天晚上为他饯行。Mr Liu will go to Chongqing to work tomorrow. We are giving him a farewell dinner this evening.

(2) 新的主任来这里上任，我们要为他接风洗尘，老的主任要离任回国了，我们要为他饯行，这已经是规矩了。It has already become a usual practice of us to give him a welcome dinner when the new director comes and a farewell dinner when the old director is leaving his post and heading for his country.

4 慢走 mànzǒu to take care; goodbye

5 参谋 cānmóu to give advice; adviser

例句：(1) 以后你就是我们的参谋了，我们给你顾问费。You will be our adviser in the future and we will pay you for that.

(2) 这件事情还得请您多参谋参谋。We'll have to ask you for some advice on this matter.

6 效劳 xiàoláo to work for; at sb's service; to serve

例句：(1) 他想自己当老板，不想为别人效劳。He wants to be the boss and doesn't want to work for others.

(2) 老刘为公司效劳三十多年，是公司的"老人儿"。Being an old staff in the company, Lao Liu has served the company for over 30 years.

7 檀香扇 tánxiāngshàn sandalwood fan

8 手镯 shǒuzhuó bracelet

9 胸针 xiōngzhēn brooch

10 寿山石 Shòushānshí Shoushan stone (translucent stone found at Shoushan, Fujian Province, prized as the most precious material for seals)

11 首饰盒 shǒushìhé jewellery case; casket

12 耄耋之年 màodié zhī nián advanced in age; venerable age

13 松鹤延年 sōnghèyánnián pine tree and crane (symbol of longevity)

14 项目官 xiàngmùguān project officer

15 任期已满 rènqī yǐ mǎn term is over; completion of the term

例句：（1）大使的任期已满，下个月回国。The ambassador is leaving next month upon completion of his term.

（2）他在这件事情上处理得不好，所以任期没满就被送回国了。He was sent back to his country before his term was over due to his poor handling of this matter.

16 另有高就 lìng yǒu gāojiù to land a better job

例句：（1）他辞职的原因是不是另有高就了？Did he quit because he had landed a better job?

（2）公使先生任期未满就离任是因为另有高就。Mr Minister will leave before his term is over, because he has landed a better job.

17 为……祝福 wèi... zhùfú to bless; to raise our glasses for

例句：（1）让我们为这一对新人祝福。Let's bless this new couple.

（2）在这美好的夜晚，我们举杯为中国更加辉煌的未来祝福。In this beautiful evening, let's raise our glasses to a brilliant future of China.

18 送行 sòngxíng to see sb. off

19 雷锋 Léi Fēng Lei Feng (a soldier of the People's Liberation Army of the PRC, who is characterized by his selflessness and readiness to help others)

20 助人为乐 zhùrénwéilè to find it a pleasure to help others

三、背景知识 Background Information

▶ 1. 约会时的常用语 Commonly used expressions when making an appointment

约会或约定见面时往往有一些固定的说法。比如：一言为定，不见不散，那就这么定了，等等。例如：

A：明天下午我在公司门口等你。

B：好，就这么定了，不见不散。

There are often some set phrases when making an appointment. They are: "Deal!", "Be there or be square." and "So it's settled." Examples:

A：I'll wait for you at the gate of the company tomorrow afternoon.

B：OK, so it's settled. Be there or be square.

▶ 2. 请客时的客气话 Polite expressions when entertaining guests at home

请客人到家中做客，主客间不免要客套一番。不管主人准备的饭菜多么的丰盛，他往往要说自己准备的饭菜是"粗茶淡饭"、一顿"便饭"，或说"随便准备了一点饭菜，不成敬意"，等等；客人呢？也往往说："太丰盛了"、"您真是太客气了"之类表示饭菜太多、太丰盛的话，对主人表示夸奖和感谢。

When the guest visits the host's home, there would invariably appear some civilities. No matter how sumptuous the dinner is, the host would always call it "plain tea and simple food", a "humble meal", or say "I have prepared a very simple meal, it's not enough to show my respect", etc. The guests will often say, "What a great meal", "You're very kind" and things like that to express their praise and thanks for the host.

▶ 3. 玉石之爱 Love for jade and stone

自古以来，中国人对美玉和奇石情有独钟。课文中提到的寿山石就是奇石中的一种。中国文化善于根据自然物质的特征，将人的理想和感情寄托于上。玉石晶莹剔透、坚硬耐磨的特点，被赋予了纯洁、坚强的品格，而成为人们制作雕刻艺术品、饰品、装饰器具的重要材料。光洁、透明、坚硬而纹质细腻的玉镯也多成为爱情和友谊的信物。

Since ancient times, Chinese people have showed special love for beautiful jade and precious stones. Shoushan stone mentioned in the text is one kind of the precious stones. In Chinese culture, people like to endow natural substances with their own ideal and feelings according to their respective features. Jade and stones are translucent or crystal-clear, hard and wearproof, so they have been used to symbolize purity and perseverance. They are important materials for sculpture works, decorations and ornaments. Being smooth, translucent, hard and finely grained, the jade bracelet is often regarded as the token of love and friendship.

▶ 4. 对年龄的几种特殊说法 Some particular references about age

豆蔻年华：少女的青春年华；
弱冠之年：二十岁左右的男子；
而立之年：三十岁；
不惑之年：四十岁；
知天命之年：五十岁；
甲子（花甲）之年：六十岁；
古稀之年：七十岁；
耄耋之年：八十岁。
dòukòu niánhuá: (of a girl) age of thirteen to fourteen
ruòguàn zhī nián: initial period of manhood around 20 years old
érlì zhī nián: 30 years old
búhuò zhī nián: 40 years old
zhī tiānmìng zhī nián: 50 years old
jiǎzǐ (huājiǎ) zhī nián: 60 years old
gǔxī zhī nián: 70 years old
màodié zhī nián: people over 80

▶ 5. 中国画中的几种常见主题 Common themes in Chinese paintings

正如背景知识3中讲到的，中国人将自然万物赋予人的特性一样，中国画中的形象也多被画家赋予了独特、美好的寓意。一般来说，传统的中国画是通过突出所画事物的自然特征来显现画家的理想和情趣。如：

松鹤图：松树一年四季长青，鹤白发丹顶，象征老年人长寿和健康。

猫蝶相戏图：猫和蝶取“耄耋”的谐音，暗合“耄耋之年”。

梅花：严寒中开放，象征人不畏困难、保持高风亮节的品格。

兰花：以其高雅的香气象征人格的高雅脱俗。

竹：宁折不弯、高雅清纯，象征人的骨气和气节。

菊花：花小而实用性强（可做药），秋天开放，象征人的不趋时、平凡而伟大。梅花、兰花、竹子、菊花被称为“花木中的四君子”。

荷花：出淤泥而不染。象征人的纯洁或廉洁。

老虎：百兽之王，形容王者之风。

It has been indicated in Background Information 3 that the Chinese people tend to endow natural things with personality and characters. Likewise, Chinese painters have different interpretations of the unique and charming images in their paintings. Generally, in traditional Chinese paintings, painters express their own ideal and interest by stressing the natural features of what they draw. Examples:

Pine tree and crane: pine trees are green for all four seasons, crane has white hair and red crown, they symbolize longevity and good health of old people.

Cat and butterfly playing games: cat and butterfly in Chinese sound like “màodié”, implying a venerable age and longevity.

Chinese plum flowers: They blossom in bitter cold and symbolize people's dauntless spirit, noble characters and exemplary conduct.

Orchid: its elegant smell symbolizes elegance, gracefulness and the refined character of people.

Bamboo: Bamboo rather break than bend and is elegant and pure, symbolizes people's fearlessness and moral integrity.

Chrysanthemum: It can be used to make medicine. It blossoms in autumn and symbolizes people who don't follow fashion and who are ordinary but great. Chinese plum flower, orchid, bamboo and chrysanthemum are regarded as “the four gentlemen of plants”.

Lotus: It emerges unstained from the filth and symbolizes purity or incorruptibility of people.

Tiger: Tiger is regarded as the king of all animals and symbolizes the dignity and prestige of a king.

▶ 6. 关于告别致辞 / 任满致辞　Farewell speech / speech on the completion of term

任期期满或者调任别的工作，在跟同事们告别时，发表一番致辞，是经常要碰到的。中国人一般的思路是：对大家给予自己的帮助表示感谢，对离开大家感到依依不舍，对过去的友情表示珍惜，对大家今后的工作表示良好的祝愿，希望今后能够常常见面，并表示自己以后会“常回家看看”或者希望能有机会在自己将要去的地方看到大家。送行的人一般会对同事的分离表示遗憾和留恋，对同事的将来表示良好的祝愿。

It is often the case that people will give a farewell speech to colleagues when their term is over or when they are to be transferred to other posts. Generally Chinese people would say the following things: thanking everyone for their help, being reluctant to part from everybody, cherishing the friendship, wishing success of future work of the colleagues, hoping to meet them often in the future, and that they will "often go back home for a visit" in the future or hope to have the opportunity to see the old colleagues at their new post. Those who see them off will express their regret and reluctance about their leaving and give best wishes to the future.

▶ 7. 雷锋精神　Lei Feng's spirit

20 世纪 60 年代，中国有一个叫雷锋的年轻解放军战士，他喜欢学习，热爱劳动，而且处处助人为乐，在一次工作中不幸以身殉职。毛泽东主席号召全国人民“向雷锋同志学习”。从此，雷锋成为千百万人学习的榜样，雷锋精神成为鼓励大家积极向上的动力。

In the 1960s, there was a young PLA soldier named Lei Feng. He liked to study and work and he always found it a pleasure to help others. Unfortunately he died at his post. Chairman Mao Zedong called on the entire Chinese nation to "learn from comrade Lei Feng". Since then, Lei Feng became a good example for tens of millions of people. Lei Feng's spirit became a source of power to encourage people to work hard and make progress.

四、练习 Exercises

（一）选词填空 Choose the Proper Word for Each Blank

A 参谋	B 效劳	C 留步	D 饯行	E 一言为定	F 稀客

1. 我们＿＿＿＿＿＿，明天晚上八点在望海楼饭庄见。
2. 哟，王先生，您可是我们这儿的＿＿＿＿＿＿，好久不见了。
3. 我们大家在富华酒楼为您＿＿＿＿＿＿。
4. 赵经理，我们走了，您请＿＿＿＿＿＿。
5. 您对这事有经验，请为我们＿＿＿＿＿＿一下。
6. 为国家＿＿＿＿＿＿是我们每个人的愿望。

（二）判断练习 True or False

1. 不见不散是约会时的常用说法。 ☐
2. 请客人吃饭时，最好说“这是专门精心为您准备的”。 ☐
3. 中国人在家中请客一般比较随便，饭菜准备得不多。 ☐
4. 客人对主人的饭菜可以用“粗茶淡饭”来评价。 ☐
5. 客人可以夸奖主人高超的厨艺。 ☐
6. 玉石虽然美，但一般不用来做爱情的信物。 ☐

（三）划线搭配 Match the Following by Drawing a Line

不惑之年	三十岁左右的男子
甲子（花甲）	七十岁
耄耋之年	六十岁
豆蔻年华	四十岁
古稀之年	八十岁以上的老人
知天命之年	五十岁
而立之年	少女的青春年华

五、阅读材料 Reading Material

中国的饮食文化

中国人的传统饮食习俗是以植物性食料为主。主食是五谷，辅食是蔬菜，外加少量肉食。形成这一习俗的主要原因是中国中原地区以农业生产为主要的经济生产方式。以热食、熟食为主，也是中国人饮食习俗的一大特点。这和中国文明起源较早、烹调技术发展迅速有关。中国古人认为："水居者腥，肉臊，草食即膻"，热食、熟食可以"灭腥去臊除膻"。

中国饮食较为注重营养吸收，中国古人以甜、酸、苦、辣、咸等五味调制食物，配合人体的心、肝、脾、肺、肾等五脏所需要的营养素，以维护人体的健康。中国菜中使用的许多植物如葱、姜、蒜、金针、木耳等，均有预防和治疗疾病的功效，正因为中国人深信食物有医药的功效，所以才会发展出"食医同源"的饮食理论。

中国的烹饪艺术非常注重菜量的调配，凡烹制一菜，主菜与副菜的分量多为二比一，也就是烹制一盘以荤菜为主的菜时，荤菜的分量为三分之二，素菜的分量为三分之一，反之亦然；而烹制一碗汤时，水的分量占碗容量的十分之七，而菜量则占十分之三。总之，不论做菜做汤，均须将各种营养素作适当的调配，以达到营养均衡的目的。

中国人对饮食的礼仪，有其传统的规范，例如，吃饭时必须坐着进食，男女老少需要依序入席，吃菜是用筷子挟着吃，喝汤一定要用汤匙盛着喝。中国人宴客时的筵席菜是以桌为单位，每桌十至十二人。一桌菜通常包括四道前菜，冷热均可，接着是六至八道大菜，以及一咸一甜的两种点心；菜式的烹法要有炒、烧、蒸、炸、爆、煎等；菜味的调法有咸、甜、酸、辣等；而菜色也要有红、黄、绿、白、黑等变化，再加上用蕃茄、萝卜、黄瓜等做成各色各样的盘式，使得中国菜真正成为了色香味俱全的饮食艺术。

附录 1：英文翻译

Appendix 1：English Version of Texts

EPISODE ONE Coming to China

Act One Before Meeting Someone at the Airport

(At Edu office)

Miss Lin: Mr Dule, anything I can do?

Mr Dule: Yes. I have here some materials in Chinese on how Chinese universities help their poor students. Please translate it for me by Friday and give me a soft copy and two printed copies. And also, fax it to Lausanne headquarters.

Miss Lin: OK. By the way, you have a meeting at 10:30.

Mr Dule: Thanks. Please remind me of it at 10:15.

Miss Lin: In that case, will you be able to meet Jack at the airport?

Mr Dule: I won't be able to make it. Please welcome Jack for me. Oh, Jack called and said that his flight would be late, please call the airport to check it out.

Miss Lin: OK.

(Miss Lin calls the airport inquiry desk)

Miss Lin: Hello. Could you please tell me when flight 320 from Frankfurt to Beijing arrives? Delayed? For how long? Arrival time then? Thanks. Bye.

(Miss Lin dials the telephone)

Hello, is that Lao Zhao speaking?

Where are you now?

We will depart for the airport at 11:30 to meet Jack. Please come back at once.

OK, then. Bye.

Act Two At the Airport

(Arrival area at the international airport, Project Officer of Edu Jack walks towards a lady holding a signboard with the word "Edu" on it)

Jack: Hello. Are you Miss Lin from Edu?

Miss Lin: Hello, Mr Lopez. I'm Lin Da. Did you have a good trip?

Jack: It was fine. Sorry, the flight was late. There was a heavy fog at the airport when we were about to take off. The flight was delayed for over an hour. I called Mr Dule about it. Did he tell you?

Miss Lin: Yes, he did. But, considering that it is the first time you come to China, we arrived earlier just in case. Mr Dule is having a meeting. He can't come to meet you personally, so he asked me to welcome you on behalf of him.

Jack: Thanks. And this is?

Miss Lin: Oh, sorry. Let me introduce. This is our driver Lao Zhao.

Jack: Oh. Hello, Lao Zhao.

Lao Zhao: Hello. Welcome! How was your trip?

Jack: It was fine.

Miss Lin: Lao Zhao is not only our full time driver, but also takes care of many logistic things. He is the one at Edu to handle things like purchasing, ticket booking and dealing with relevant organizations when necessary, such as the police department, banks or the tax bureau.

Jack: Really? In that case, we will depend on you a lot in the future.

Lao Zhao: It's my pleasure. Just let me know if you need.

Jack: OK. May I suggest that from now on we refrain from using the word "nin" among us? Just call me Jack.

Miss Lin: Agreed. Do you have all your luggage with you?

Jack: Yes, five suitcases.

Lao Zhao: Let me carry your luggage.

Jack: Thank you. This blue suitcase is the most important.

Miss Lin: Wow, such a big case. What's in it, Jack?

Jack: It is important.

Miss Lin: You must be a good student. Look, you speak Chinese so well. You must have been working very hard.

Jack: Exactly. I think Chinese is much more difficult than English. I can speak English without going to school. But I can't learn Chinese well even if I have taken quite a few people as my Chinese teachers.

Lao Zhao: You are so humorous.

Act Three Why Call Him "Lao Zhao"

(The three of them walk out of the airport lounge)

Jack: Where is our car?

Lao Zhao: Please wait here. I will drive it here.

(Lao Zhao leaves)

Jack: Miss Lin, how old is Mr Zhao? He doesn't look very old to me, how come you call him Lao Zhao?

Miss Lin: To call him Lao Zhao is to show respect for him. Actually, we used to call him Master Zhao. He thinks the word "Master" not appropriate, and he does not think himself as our master, so he preferred to be called "Lao Zhao".

(The car arrives)

Lao Zhao: Sorry for having kept you waiting.

Miss Lin: Not at all. Let's get on.

Lao Zhao: I will drive slowly today for Jack. Jack is in Beijing for the first time and may have a good look at our city, both traditional and modern.

Jack: Thank you. I really need to have a good look. You two can be my tour guides.

Miss Lin: No problem. In fact, I was a tour guide before I came to Edu.

Jack: That must be an interesting job?

Miss Lin: Absolutely. I was able to visit China's scenic spots free of charge, and got a handsome pay.

Jack: Is that so? Then why did you change your job?

Miss Lin: I think it is meaningful to work with Edu.

Jack: Well, is Edu doing fine in China?

Miss Lin: It's OK. The Chinese government is very supportive of Edu's work. We have a very good cooperation with governmental departments, and have established very close relationship with local governments.

Jack: That is good.

EPISODE TWO Getting Down to Work

Act One Courtesy Call

(Jack calls on Director Liu, Department of Special Education, Ministry of Education)

Miss Lin: How do you do, Mr Liu.

Liu: How do you do, Miss Lin, please have a seat. This is...

Miss Lin: Oh, let me introduce you to each other. This is Mr Jack Lopez, the new deputy representative of Edu I mentioned over the phone.

Liu: Ah, Mr Lopez. I'm very glad to meet you. Please have a seat.

Jack: Thank you.

Liu: I was on the phone just now. I'm sorry for not having greeted you downstairs.

Jack: It's OK. I come today for two purposes. First is to pay you a visit. Since I have just assumed my office, I'm not quite familiar with the procedure for working with Chinese authorities, and I hope to get your guidance.

Liu: No problem. It is our duty to offer you help. If you are still not clear about the details of the procedure, you can also check it on the Internet.

Jack: Secondly, I'd like to thank you for your consistent support for the work of Edu and hope that you can continue to support our work in China in the future.

Liu: That's for sure. I'm duty-bound to support your work. I'd like to thank Edu for its efforts in the development of China's education. It is us who should say "thank you". Mr Lopez, is this your first time in Beijing?

Jack: Yes.

Liu: Well, are you getting used to the life here in Beijing?

Jack: Yes. Beijing people are hospitable, and it's a modern city. I'm very satisfied to be able to live and work here.

(Attendant brings tea)

Liu: Please have some tea.

Jack: Thank you.

Liu: Mr Lopez, I hope we will have a good cooperation in the future.

Jack: I hope so. Mr Liu, I'd like to host a dinner at 6:00 p.m. on Friday at Wanghailou Restaurant to thank you for your help and support. I'd be very pleased to have your company.

Liu: You are very kind. I certainly will be there.

Jack: OK, then, I've taken so much of your time. I've got to go.

Liu: I'll see you out downstairs.

Jack: Thanks. I know you are very busy. Please don't bother to see me out.

Act Two Introducing Edu

(Jack walks in the Chief Editor's Office of Central Education TV Station)

Director Ma: Hello, Mr Lopez. Welcome.

Jack: Director Ma, thank you for your time to receive me.

Ma: You're welcome. How can I help you?

Jack: I hope you can do me a favor. We plan to hold an exhibition on world education in Wuhan, Hubei Province in early May. We hope your organization could send a reporter to cover the event.

Ma: Could you please give me an introduction about Edu in the first place? I even don't know what kind of organization Edu is.

Jack: Sure. Edu is an international non-governmental organization. Its purpose is to help the developing countries with their education in furtherance of world economic and cultural development. It was founded by Sir Edinburg in 1985 and headquartered in Switzerland. Now Edu has set up offices in over 100 countries in the world.

Ma: What's Edu's relationship with the UN? I have noticed that you had frequent contacts with the UN.

Jack: Good question. We are not part of the UN, and we're not its subordinate agency. But we approve and abide by the UN Charter, and we're willing to help it with education work.

Ma: Thanks for your introduction. I have a clear picture now.

Jack: Well, in that case, are you interested in our exhibition?

Ma: Of course. We will certainly attend the exhibition and follow and cover the whole process.

Jack: Thanks.

Ma: But, could you please be more specific? Or, may I have a look at your schedule and contents of the exhibition?

Jack: I have it with me. This is the planned program. This is the list of guests we plan to invite. This is the introduction of the event, including its purpose and contents.

Ma: Great. Anything that needs to be kept confidential?

Jack: Nothing. Edu neither represents a particular country nor is a commercial organization. The more it is publicized, the happier we are.

EPISODE THREE Seeking for Guidance

Act One Making an Appointment

Jack: (Dialing the telephone)

Hello, this is Jack Lopez from Edu. May I speak to Director Guan of the Department of International Cooperation?

Guan: Hello, Mr Lopez. This is Guan Wenkai speaking. Are you busy lately?

Jack: Not really. But you must be very busy. I read your article on the newspaper the day before yesterday which is about opening training school for the disabled. It is well written. My colleagues and I agree with you and all of us appreciate very much your research on education for the disabled.

Guan: I'm flattered. What can I do for you?

Jack: Edu plans to hold a large scale exhibition on world education in early May this year. I'd like to consult you on the necessary procedures we need to go through with the Chinese authorities for an event like this.

Guan: Where do you plan to hold the exhibition?

Jack: In Wuhan.

Guan: Are you the sole sponsor?

Jack: No. Our co-sponsor of the Chinese side is China Institute for International Education Exchange. Besides, there are other organizations that will jointly hold the event with us.

Guan: According to present rules in China, your Chinese co-sponsor may file the application. Such activities require the approval of the Ministry of Education of China. Since the event will be in Wuhan, you should also get the go-ahead from authorities concerned in Hubei Province and the city of Wuhan. As for the application procedures in Wuhan, I suggest that you contact the Foreign Affairs Office both in Hubei Province and in the city of Wuhan for further details.

Jack: Director Guan, may I fix an appointment with you when it's convenient? I think I have a lot of questions to consult you.

Guan: OK. I suggest that you send the relevant application papers to us first, and I will meet you after finishing a preliminary review. How about it?

Jack: OK. You may have the papers this afternoon. Thank you.

(Jack dials the telephone number of Director Guan two days later)

Jack: Hello, Director Guan. I wonder whether you have reviewed our papers?

Guan: Hello, Jack. I was just about to call you. We've already finished the review. When do you think is OK for us to meet?

Jack: How about 10:00 a.m. next Tuesday?

Guan: I'm afraid I can't make it at 10:00. I have a meeting at 9:45. How about 11:00?

Jack: 11:00? OK. I know you're very busy. I suggest we meet in a quiet restaurant so that we may talk over lunch. How about that?

Guan: Good idea. We can have a good chat then.

Act Two Working Lunch

(Jack and Director Guan have lunch in a restaurant)

Jack: Sorry, Director Guan. I hope I am not late.

Guan: Oh, no. I just arrived too. Please have a seat.

Jack: Where do we sit? How about the smoking area so that you may smoke?

Guan: Thanks. Smoking has become a public hazard. We smokers have become extremely unpopular like rats running across the street.

Jack: Well, have you ever thought of quitting?

Guan: Yes. I tried for many times. (takes out a cigarette) Would you like one?

Jack: Thanks. I don't smoke.

Guan: Do you mind my smoking?

Jack: I don't. Today the lunch is on me. You order, please. Miss, the menu, please.

Guan: I think it should be on me because I'm the host.

Jack: No way. It's a working lunch and besides, I need to consult you some questions.

Guan: Well, in that case I will not insist. Is there anything that you can't eat? Are you allergic to anything? Are you afraid of spicy food, or is there anything that you can't eat due to religious reasons?

Jack: Anything will do except for bones.

Guan: OK. We shall have a fish soup, a spicy diced chicken, a spicy shredded meat, a Dongpo-style pork and a stir-fried green rape. What would you like to drink, beer or liquor?

Jack: Let's have some white wine. I think Chinese white wine is very nice.

(All the courses are served)

Jack: Director Guan, bottoms up!

Guan: OK, bottoms up! (finish the wine) Not bad, Jack. You haven't been in China for very long, but you have become a good drinker.

Jack: High mood makes a better drinker! Today I have the honor to drink with Director Guan, I can naturally drink much more!

Guan: Let's get down to business. Tell me about the education exhibition you are going to hold in Wuhan.

Jack: OK, I have a package of questions to ask you!

Guan: You're welcome. I'd be very pleased to be of any help to you.

EPISODE FOUR Preparing for an Exhibition

Act One The Venue

Jack: Miss Lin, have you arranged for the venue of the exhibition?

Lin: I was just about to report it to you. I've made several contacts. Personally I think the International Exhibition Center is the ideal choice as compared to others. It's located in the downtown area and with enough parking space. Although the price is a little bit high, it is still acceptable.

Jack: OK. Could you please contact them? I'd like to have a talk with their sales manager.

Lin: OK. I'll contact them right away.

(Lin making a phone call)

Lin: Hello. May I speak to Manager Zhang? This is Lin Da from Edu. I'd like to fix an appointment with you. Our manager who is in charge of the exhibition will also come. When do you think is convenient?

Manager Zhang: This afternoon will be OK.

Lin: How about 3:00?

Manager Zhang: OK!

(Jack and Lin come to the meeting room of the International Exhibition Center in the afternoon)

Manager Zhang: Welcome, Miss Lin.

Lin: Let me introduce. This is Mr Jack Lopez, Project Officer of Edu. This is Manager Zhang.

Jack: Hello.

Zhang: Hello, Mr Lopez. Please take a seat. I've already given Miss Lin a set of user's manual about our Center. I believe Mr Lopez must have read it.

Jack: Yes. We're very interested in using your Center as the venue for the exhibition. I need to discuss with you some details.

Zhang: Sure.

Jack: Firstly, we hope that a temporary office could be arranged outside the exhibition hall.

Zhang: No problem. Please be specific as to what facilities are needed in the office.

Jack: We need two telephones, a fax machine, two copy machines and three desks.

Zhang: OK.

Jack: We need a set of acoustic equipment for the whole exhibition hall and the broadcasting equipment should be set up in our office.

Zhang: No problem. As usual, the temporary office and the equipment shall be charged properly.

Jack: Fine. The exhibition lasts for six days. We hope the Center could provide catering during lunchtime in these days. And besides, we will host a small-scale reception in your small auditorium at 7:00 p.m. on 28 April.

Zhang: What's the standard for lunch? Buffet or Chinese food?

Jack: Buffet, RMB 80 yuan for each.

Zhang: OK. Anything else?

Jack: The exhibition will be a regular one. It will be held every year at the proper time. Therefore, we hope to have a good cooperation and that we could become long-term cooperation partners. We also hope to get some discount.

Zhang: Could be considered. All right, I will call you after we make the decision.

Jack: OK. I shall be expecting your call. By the way, can I have a set of figure of the halls, including the auditorium?

Zhang: Sure.

Act Two Advertisement Planning

(At Changjiang Advertising and Printing Company)

Manager Wang: Hello, what can I do for you?

Lin: I'm Lin Da from Edu. I have called about the printing of a set of publicity materials.

Manager Wang: Oh, hello! My surname is Wang, I'm the manager of Changjiang Advertising and Printing Company. Please take a seat here.

(Lin sits down, the secretary serves the tea)

Lin: Thanks. Mr Wang, we plan to hold an exhibition on world education from May 2nd to 7th, and now we need to produce a set of publicity materials. I wonder whether your company is responsible for planning and designing these materials, apart from making them?

Manager Wang: We are. There are altogether eight professional advertising designers in our company, all of them are graduates from prestigious universities who have very rich work experience. We also have professional artistic advertising designers. These are the samples of the publicity materials that we designed and produced for our customer. I wonder whether it can meet your requirements.

Lin: (Looks through the materials) Oh, it looks good!

Manager Wang: Do you have any special requirements? For example, about the style of the advertisement, elegant, lively, humorous or simple?

Lin: It should be simple, solemn, at the same time, eye-catching. These are what we are going to design, one is the poster in quarto, the other is the publicity manual. The manual does not need to be desigened. You can just print it out according to the order of the materials.

Manager Wang: Any requirements for the cover of the manual?

Lin: You can make some adjustments to it based on the poster and add a bold headline.

Manager Wang: We have several forms of the pictorial poster, real view, cartoon or computer-design, which one do you want?

Lin: I prefer computer-design. It will be better if you can make some improvements based on the pictures provided by us.

Manager Wang: What about the paper?

Lin: Art paper, please.

Manager Wang: OK. We will send you the first draft of design of the poster by next Wednesday and will make some further adjustments according to your suggestions. After getting your approval, it can be put into plate-making and printing.

(At Edu office, Lin looks through the design draft sent by Wang)

Lin: All in all, it's quite good. But there are some minor details that need adjusting. It's alright to include people of all countries and nationalities in the picture, but children, especially those of the developing countries should be highlighted. The role education plays in economic development in these countries should be stressed. And the character of the headline is too big. Plus, we'd better use fancy style character for that instead of regular script or Song typeface.

Manager Wang: Since it's an exhibition on education and it will be held in China, I have a suggestion and I wonder whether you are interested.

Lin: I'm willing to listen.

Manager Wang: We can add something with our national features.

Lin: Can you be more specific?

Manager Wang: For example, we can have drawings like the private school in the old days or a cow boy reading on the back of a cow. And also the story of "boring a hole in the wall to get light from a neighbor's home in order to read", etc.

Lin: Good suggestions! You can make the adjustments accordingly.

Manager Wang: Alright. Anything else?

Lin: The overall color is not very bright and the contrast effect is not strong enough. Also, the logo of Edu is not quite noticeable. That's all.

Manager Wang: OK. We will adjust it according to your suggestions and send you the samples the day after tomorrow.

EPISODE FIVE Address a Conference

Act One Discussion of the Opening Remarks

(Mr Dule and Miss Lin discuss the opening remarks that Dule will deliver)

Dule: Miss Lin, let's have a discussion now on my speech at the exhibition. Please help me revise my draft.

Lin: OK. Mr Dule, I've already read your draft speech. The beginning is not so good, it doesn't sound like a Chinese speech. I've made some corrections. Please have a look to see whether it is OK.

Dule: (reads out) "Ladies and Gentlemen: Good morning! First of all, on behalf of Edu, I'd like to extend my welcome to you to the 3rd World Education Exhibition."

Why it has to be Edu? Can't I make the speech in my own name?

Lin: You are Edu representative, it is only natural for you to deliver the speech on behalf of Edu on such occasion.

Dule: OK. (reads) "As an international non-governmental education organization, Edu has, over the years, given persistent attention to the development of education in the world, particularly that of the developing countries. Furthermore, Edu has carried out various activities through cooperation with the government of various countries, international organizations and commercial organizations, in an effort to push forward the comprehensive development of education in the world, in particular that of the developing countries. Therefore, our slogan is this, 'Wherever education is needed, Edu will be there', 'Wherever there is Edu, there will be education'.

Good, very good correction. I like the last two sentences most. Why did you delete my following sentences?

Lin: You mean the sentence "to popularize advanced and correct education concept to every corner of the world"?

Dule: Yes, exactly.

Lin: You know, Chinese people are the most modest. Such words of bragging had better not be said, in case other people might dislike it. Moreover, education is education, and there exists no such matters as who is advanced and who is backward. What do you think?

Dule: It's quite right. OK. Now, let's discuss the question "why do people study". Tell me, why do Chinese people study? This is an important component of my speech.

Lin: Education in China has experienced a development process from "study for family glory" to "study for the country". During the times of imperial examinations, study was aimed at attaining high position and great wealth, and bringing honor to ancestors. In modern times, some Chinese came up with the slogan of "reinvigorating the country through education". Premier Zhou Enlai, a diplomat and an international activist who is a very familiar figure to the Chinese, had already fostered a lofty ideal to "study for the rise of the Chinese nation" when he was quite young.

Dule: This is indeed a significant transition. Please include this paragraph into my speech, and make a special mention that it is the imbalance of the development of education that has resulted in the imbalance of the development of human race and the gap between rich and poor, thereby aggravating the conflicts and misunderstandings among countries and nations. Therefore, we raise the slogan of "emancipating the entire human race through education".

Lin: OK. I've already written the ending. It goes like this:
"To conclude, I wish to thank you once again for coming. I wish the commercial institutions and schools attending the exhibition will get their chance and everyone will get what you want. Thank you."

Dule: Very good.

Act Two Dialogue on Quality-oriented Education

(Excerpts of the dialogues between Principal Liu of a key middle school in Beijing and the delegates during the exhibition)

Principal Liu: Ladies and Gentlemen, good morning. Upon invitation of the organizer, I'm here to exchange views with you on the topic of "what quality-oriented education requires of teachers". All of you present here are experts in the field of education, so, it seems to me that I'm showing off my scanty knowledge by talking about this topic in your presence. But I'm still very happy and I'd like to share with you some of my thoughts. For me, it is a good opportunity to learn more things. If what I say is improper in some aspects, your comments and views are always welcome.

Delegate Ⅰ: Mr Liu, China is advocating quality-oriented education right now. Could you please explain why?

Liu: The concept of quality-oriented education was raised in relation to examination-oriented education. As a method for teaching evaluation, examination is widely used by various forms of education. In China, examination has even become an important way to select talents. We had imperial examination in the past. With one single success in the examination, people would win recognition and fame and bring honor to their ancestors overnight. Although nowadays we have had the imperial examination system abolished, examination can still decide people's future. For instance, nowadays, entrance to universities, employment and promotion are still related to examinations. It is especially the case in terms of education after the nine-year compulsory education. The entrance examination for universities of higher learning is just like a footlog-bridge that everyone struggles to pass through. This educational system has fostered quite many excellent professionals and talents. However it can't be denied that there are big problems with the system. Our education puts too much emphasis on marks students get in examinations instead of the comprehensive development of their virtue, intelligence, social adaptability and physical quality.

Delegate Ⅱ: Mr Liu, could you please introduce to us some specific measures of your school in terms of "quality-oriented education"?

Liu: OK. In our school, we cut short class hours for courses and increased the hours for social practice and extracurricular activities for the students. We gave students explicit tasks for them to do so that they could think and resolve problems in real life. We signed agreements with some well-known universities on recommending outstanding students to study in these universities without entrance examinations. These students have to be very good in their studies, and at the same time they have to meet specific requirements in terms of virtue and the ability to solve problems.

Delegate Ⅲ: Mr Liu, what requirements do you have for teachers?

Liu: Good question. It's also something I'd very much like to talk about. First of all, it's our view that teachers are experts and tutors for students in their professional fields. Therefore, they have to be as erudite as possible in their fields. Secondly, teachers are examples to students on how to treat other people and behave oneself in society. We have an old saying, "Teachers should be a paragon of virtue and learning." They should set examples to students in terms of personality. All necessary virtues should be embodied in educators. Thirdly, teachers should maintain a strong thirst for knowledge and curiosity in what they teach and in other fields because they should make students understand that it is a lifelong matter to receive education through what they say and what they teach. Only in this way can their enthusiasm for learning be better fostered. Besides, I think the most valuable virtue of teachers should be their concern and passion and also their strong sense of responsibility and mission for the country and the society. In an increasingly competitive society, apart from personal goals, one should also have some lofty goals and standards. This is also what education requires of people.

Delegate Ⅳ: Mr Liu, does your practice come under pressure from the parents?

Liu: I should say at the beginning yes. But as time passes by, their education concept has also changed a lot. Now, most of them are supportive of what we are doing.

Finally, on behalf of all the teachers and students of our school, I welcome you to visit our school and offer your valuable suggestions. Thank you.

EPISODE SIX Planning to Receive a Visitor

Act One Arranging the Office

(In Dule's office)

Dule: Miss Lin, please be seated. Now here is your assignment. A gentleman from the headquarters will come next month, the highest ranking"boss", my boss's boss.

Lin: Mr Hains is coming?

Dule: Right. Please consult somebody to buy some paintings and design some handicrafts. I need our office decorated. Please notice that I have three requirements for the decoration: firstly, it has to be related to education and art. Secondly, it has to conform to Edu's idea. And thirdly, it has to be of Chinese characteristics. For the overall style, it should be simple and creative as well as elegant and of high quality.

Lin: OK. I'll report to you when I come up with a good plan.

(Miss Lin talks with the staff from a decoration company)

Lin: All of these are pictures related to education in China. Some are photographs, some are pictures based on education-related stories in ancient times, and others are the latest posters used internationally on education. Please mount all of them and hang them in Edu office.

Staff: All of them? Miss Lin, in my view, perhaps these enlarged photographs would look better in wooden frames.

Lin: We need to show Chinese characteristics. Is it so that they would lack Chinese characteristics in frames?

Staff: Not necessarily. We use rosewood frames. That would be of high quality.

Lin: OK, do as you say. Besides, we need a statue of Confucius at the door of our office.

Staff: What kind of material, clay, pottery or wooden?

Lin: Wooden. We need a big one.

(Miss Lin talks with calligrapher Mr Zheng)

Zheng: Miss Lin, I've already finished what you want me to write.

Lin: Let me see. Ah, Mr Zheng, your calligraphy indeed lives up to your name. These characters are superb. The structure is steady and they look powerful. Mr Zheng, you must have studied in private school in the past?

Zheng: No. But my teacher had been a private school teacher.

Lin: Could you please tell me some mottoes that can best represent education in ancient China?

Zheng: There are so many of them. For instance,"Teach with tireless zeal", "If there are three men walking together, one of them is bound to be good enough to be my teacher", "A teacher for a day is a father for a lifetime", etc.

Lin: "A teacher for a day is a father for a lifetime". What an honor to be a teacher!

Act Two Arranging Activities

(Jack visits Principal Fan of a Hope Project primary school)

Jack: Principal Fan, our chairman will be in Beijing next month for an inspection trip. We'd like to arrange a visit to your school. We hope that wouldn't disturb your work.

Principal: Not at all. We appreciate the free aid that Edu provides us. We'll do whatever we can to receive the chairman.

Jack: I've heard that education in your school is quite unique. You have been paying special attention to nurturing various hobbies of your students. I wonder what they have learned in their extra-curriculum activities?

Principal: We have special teachers for extra-curriculum activities. Some of them major in music, others in art and so on. We provide various musical instruments, in particular Chinese folk musical instruments such as erhu, pipa and guzheng. We teach students art such as oil painting, Chinese calligraphy and traditional Chinese painting. We also have various kinds of sports.

Jack: That would be great. Could you arrange the children to give a performance?

Principal: Yes, of course. Just let me know what types of performance you need and whether you would like it to feature Chinese folk style.

Jack: That would be for sure. I've heard that your chorus is also very famous and that it has won top award in the national children's chorus competition. Could this be part of the show?

Principal: OK. Well, we will give you a list of the program tomorrow. You may choose what you need.

Jack: That would be nice. We will prepare some small tokens of thanks for the children when the time comes.

Principal: Oh, no. If you do that, we'd feel that we are treated as strangers. It would be our greatest encouragement if you like our show.

(Jack meets Director Feng of Fengguang Beijing Opera Troupe in his office)

Jack: Oh, Director Feng. I didn't know that you are so early. Sorry for not having greeted you.

Director: Jack, I'm glad to be at your service. I wonder what instructions you have for me?

Jack: How dare I give instructions. You know, our chairman will be in Beijing for an inspection trip next month. We plan to give a reception for friends from different sectors. We need you to perform for us.

Director: That could be arranged. Our troupe specializes in giving Beijing Opera performance to foreigners. Owing to years of performing activities, we roughly know the taste of them.

Jack: This is exactly what I'd like to consult you. What kind of performance do you think is appropriate?

Director: Foreigners can't understand what the actors are singing, so they just like things with a lot of dancing, make-ups and plots.

Jack: Examples?

Director: For example, Monkey King opera, fighting opera and opera with different types of role. Foreigners who don't have much Beijing Opera experience can't accept too much singing and talking.

Jack: OK, then, we want the Monkey King opera. Could there also be some Chinese martial arts, acrobatics and vocal mimicry that can be arranged?

Director: No problem.

Jack: How many actors will there be?

Director: Perhaps over 30, including the band.

Jack: What is your offer?

Director: I'll ask my secretary to give you an offer in the afternoon. You may consider it and we'll contact again. There should be no problem on the price.

Act Three Preparing Gifts for the Delegation

(Jack calls a meeting of some Edu staff to discuss gifts for the delegation)

Jack: Let's discuss the souvenirs we need to prepare for Hains and others. It's a rare opportunity for them to come to China. They should take back with them some Chinese souvenirs. Any good ideas?

Lin: Silk is good. Chinese silk is world famous.

Jenny: I have an idea and I wonder whether it will do.

Jack: I'm listening. What is it?

Jenny: I think it would be nice to get some good calligraphers to write something or some painters to draw some traditional Chinese paintings.

Jack: And these artworks have to be education-related.

Lin: Good idea. We can give each of them a Chinese name and engrave them on seals, as presents for them.

Jack: Excellent. It would be better to put these seals in boxes together with four treasures of the study, writing brush, ink stick, writing paper, ink slab, and with ink paste as well.

OK, now, here are your assignments. Lao Zhao is responsible for purchasing four treasures of the study and choosing the stone material for seals. Miss Lin is responsible for choosing Chinese names for the delegates and finding calligraphers, painters and seal cutting experts. Keep in mind that the calligraphers don't have to be very famous, but they should have their own features. For the painters, we don't have to get very famous ones simply because we can't afford them. But their paintings have to show both Chinese style and modern taste. As for seal carving, I don't know much about it. You may decide it.

Lao Zhao: I recommend a very good seal-carving expert. He works near our building.

Lin: Great. Please show me the way to his place.

Jenny: It would be great if the Chinese paintings feature modern taste. My friend Parci always deals with Chinese painters. The paintings she buys are always very interesting.

Lin: Jenny, please give me her phone number. I'll ask her to give me an introduction.

Jenny: Alright. But she will not be back from Hong Kong until next week.

Jack: That would be OK.

EPISODE SEVEN Receiving the Inspection Delegation

Act One Welcoming Banquet

(Banquet in honor of Mr Hains and his entourage hosted by Director-General Zhang, Department of International Department, Ministry of Education)

Zhang: Please be seated, everybody.

We're very happy today to have so many friends get together here. The Department of International Cooperation of the Ministry of Education is pleased to host the dinner here to welcome the Board of Directors of Edu.

Now let me introduce the friends and guests at today's banquet.

This is Mr Hains, Chairman of the Board of Directors of Edu. Mr Hains is our friend for years. He has all along given good counsel for the development of China's education cause.

This is Mr Dule, Edu Representative to China, our old friend.

On my right side is Mr Li Hongda, Chairman of China Institute of Education Exchange.

(Exchange of name cards, self-introduction)

Zhang: Now let's welcome Mr Hains to address us.

Hains: Thank you! Edu organization has been operating in China for several years, during which time our work has received great support from everybody present here. Here, on behalf of the Board of Directors of Edu, I would like to extend my gratitude to the Chinese government and our friends from all sectors. China is an influential country in the world which has achieved a great deal through the adoption of the policy of reform and opening up. The Chinese government is currently practicing the policy of "invigorating the country through science and education", through which it has accumulated rich experience in terms of popularizing basic education and improving educational facilities and quality. I'm told very often by my colleagues that Edu had learned a lot through the work in China, so it is also our honor. The aim of this trip to China by the Board of Directors of Edu is to exchange experience and seek further cooperation with our Chinese counterparts. Thanks a lot!

Zhang: Thanks. On behalf of the Department of International Cooperation of the Ministry of Education and China Institute of Education Exchange, I'd like to welcome once again the Board of Directors of Edu. I hope your China trip would be a pleasant and fruitful one. Now I propose a toast for our friendship and cooperation. Cheers!

Everybody: Cheers!

(Everybody proposes toast to each other)

Zhang: Mr Hains, this is the famous Maotai. Bottoms up!

(Hains bottoms up)

Hains: (coughing) Excuse me. This is very good. But I can't hold much liquor.

Zhang: Please help yourself to the dishes.

Director Wang: Mr Dule, I'd like to propose a toast to you.

Dule: Thank you, Mr Wang. Let's drink according to our capacity.

Wang: No way. I heard long ago that Mr Dule is a good drinker. Bottoms up. There won't be any problem for you.

Dule: OK. The best way of showing respect is to do as you say. I will keep your company at all cost. But before that, I have to get something to eat.

Zhang: Right. Please help yourselves to some food. This is a very famous Sichuan restaurant.

Hains: There is an old Chinese saying that it's impolite not to reciprocate. Let me use the glass of juice instead of wine to propose a toast to everybody.

Act Two Enjoying Peking Opera

(China Institute of Education Exchange invites the Board of Directors of Edu to watch Peking Opera)

Li Hongda: Everybody, China Institute of Education Exchange made special arrangements for the Peking Opera performance tonight to welcome the Board of Directors of Edu on your inspection trip to Beijing. Peking Opera represents Chinese traditional culture. We hope you will enjoy it.

Hains: Jenny, since you have been in Beijing for so many years, do you understand Peking Opera?

Jenny: Perhaps a little. I know they have to do facial make-up. Some actors play female roles, and some actresses even play male roles.

Hains: Really? Does Peking Opera focus on singing, just like opera?

Jenny: Not necessarily. The jargon has it that there are four skills in performing Peking Opera, singing, recitation, acting and acrobatics.

Hains: Well, what do you think is the most difficult part in watching Peking Opera?

Jenny: Actually, it isn't that difficult. Speaking of the difficult part, for me, perhaps it is that I have no idea when to shout bravo. In Europe, we do that when the singing is over or a section of lyrics is over. But when watching Peking Opera, the audience could shout bravo when the actors are singing the most brilliant part. If you don't know, perhaps you would make a stupid mistake.

Hains: Well then, tell me when to shout bravo when the time comes.

Jenny: OK, the show begins.

(During intermission)

Hains: Mr Li, I notice that their make-up differs a lot. Some are beautiful, some are ugly, and some are fierce. Anything particular about that?

Li Hongda: Of course. In general, there are five roles or types of role in Peking Opera, male role, female role, painted-face role, middle-aged man and comic role. Generally, the make-up for the painted-face role and the comic role is relatively heavy. Chinese people like to divide people into good guys and bad guys. In general, good guys use red color and bad guys use white. The comic role is a bit special in that he is neither good nor bad and his make-up is quite bizarre and funny.

Hains: Oh, I see. Those actors who played monkeys, their make-up is so vivid and their performance is even better. That very active monkey must be a very famous role.

Li Hongda: Oh, very famous. He is Sun Wukong, the Monkey King, hero of *Journey to the West*, a famous classic Chinese fiction.

Act Three Visiting a Primary School

(Hains visits a Hope Project primary school)

Hains: I think the school is very nicely built. Is the tuition also very high?

Principal: No. It's free.

Hains: What kind of students are studying here?

Principal: They are children from very poor families. Some are even orphans.

Hains: Really?

Principal: Yes. As a poverty-stricken area, it is fairly underdeveloped economically here. Generally, parents don't have much money to send their children to school. Some children drop out from school even before the age of ten to help their parents with farm work.

Hains: Where does the school expense come from, then?

Principal: Donations from the Hope Project.

Hains: Who donate the money?

Principal: All kinds of people. People from different social sectors all show their concern for the project, and they are all willing to show their loving care for the children from families of poor economic conditions.

Hains: Are there any foreign donators?

Principal: Yes. And also overseas Chinese.

Hains: Do you have any idea on how the state handles the donation?

Principal: The state has established a special administration to supervise Hope Project donation. These are funds for specified purpose. No one is allowed to divert the funds to any other purposes.

Hains: You must have very good teachers!

Principal: All our teachers are graduates from normal universities. Some of them are awarded the title of outstanding teachers at the provincial level.

Hains: Mr Principal, I think you really manage the school in an orderly manner and your leadership is apparently in the right way.

Principal: Thank you. In fact, we are not doing so well. Mr Hains, your suggestions are always welcome!

EPISODE EIGHT Planning a Concert

Act One Planning an Event

(In Edu office)

Dule: Who is in charge of international cooperation affairs in the China Disabled Persons' Federation?

Lin: Director Zhang.

Dule: Please contact him to make an appointment. I'd like to discuss with him on co-hosting the Concert for Disabled Children in the World.

Lin: OK. I've already contacted the Federation. They showed great enthusiasm. China has been making a lot of efforts in the education of the disabled children and the results have been fairly good. Recently, China organized an art troupe composed of over 100 disabled people to give performance in the USA and it's said to be a great success. Over half of the members are children. There shouldn't be any problem on the program of the performance, but such a show in China requires some approval procedures and some of them are rather complicated.

Dule: Please draft an outline of the contents that we need to discuss with them on the meeting. We may fax it to the Federation after a discussion among ourselves. The Federation should be one of the co-sponsors. So, it would be better for them to deal with the procedures.

Lin: OK. I've already worked out the outline. Here you are.

Dule: Great.

(Dule goes over the outline)

Very good. In my opinion, this concert can be organized as a semi-commercial one. We can get financial support from some big companies and attract some advertisements. The organizing committee can charge fee for the ads. Meanwhile, there can also be some income from tickets. We'd better contact some state media such as CCTV in the hope of getting their help.

Lin: OK. I will consult the federation. It's better for the Chinese side to deal with the cooperation with the media. As for the charging standards and how to use the income, that can be part of the main contents of the discussion.

Act Two Meeting with the Leaders of the Federation

(In the office of the Federation)

Director Zhang: Hello, Mr Dule. I've been wanting to visit you, but I haven't got the time lately. Thank you for coming all the way here.

Dule: It would be the same thing if you go all the way to my office. I know you've been very busy. There are reports about your Federation on newspapers almost every day. It seems that your work has been quite fruitful.

Director Zhang: Thanks. I heard from Jack that you come today mainly to talk about the

Concert for Disabled Children in the World.

Dule: Right. I wonder what your views might be about this.

Zhang: It's a very good idea. Our leaders are very supportive of it.

Dule: According to relevant rules of your country about foreign-related activities, foreign organizations can not apply to hold such activities individually. Therefore, we hope that your Federation could be the co-initiator and co-sponsor. I wonder whether this could work out.

Zhang: I've already consulted our leaders. Our opinion is to support the concert. We suggest that the specifics be handled by an art troupe under the Federation. I've already contacted government authorities concerned about the specific examination and approval procedures. Their view is that there won't be any problem on every link so long as the concert gets the approval of authorities of higher level, complies with relevant laws and regulations of China and goes through normal procedures. The art troupe will deal with the specific procedures.

Dule: That would be wonderful. I have another idea. Could the concert be organized as a semi-commercial one?

Zhang: You mean charging fee?

Dule: You are right. For instance, we can attract some advertisement clients, try to get some financial support and collect some income from tickets.

Zhang: In principle, we don't agree on charging fee. Since the Federation is a non-profit and non-governmental welfare institution, it's inappropriate for us to engage in commercial activities.

Dule: I know. I only want you to know, Mr Zhang, that as Edu is not a commercial institution, its assets are limited. Therefore, we hope that through this event, we can get some rewards as the organizer and invest them in education, particularly education for the disabled in China. I may use a saying in China, "What is taken from China is to be used in the interests of China".

Zhang: It's understandable. Speaking of financial support, I have a suggestion. At present, more and more transnational corporations are doing business in China. Edu is quite well known internationally. Could Edu look for some sponsors among foreign companies?

Dule: This is what we are considering. We are trying to look for some sponsors and advertisement customers right now.

Zhang: All right.

Act Three Recruiting Temporary Employees

(In Edu conference room)

Lin: Thank you for coming. First of all, let me say a few words. The Concert for Disabled Children in the World is co-sponsored by Edu, China Disabled Persons' Federation, and Tiandi International Cooperation Corporation Ltd. For this purpose we will recruit some temporary employees. The work is mainly to provide services for the disabled children who love music from various countries during the concert. And our cooperation will end upon the completion of the concert. I will start the interview one by one and each will last only ten minutes. The interview will be in my office and the rest of you please wait in this conference room. There are magazines and newspapers, and some introductory materials about Edu. Please feel free to read them. OK, Miss Li Yuefen, please come with me to my office.

(In Lin's Office)

Lin: Please have a seat, Miss Li. I've read your resume. You major in international business and have rich work experience. But may I take the liberty to ask, do you have a permanent job?

Li: No. I'm a housewife.

Lin: Why don't you find a job?

Li: My husband is very busy and has his own company. When my kid was small, my job was to look after him and his education. Now he is in a boarding school, I have plenty of time.

Lin: Why did you register for this event organized by Edu and why don't you find a relatively long-term job?

Li: I'd like to try my ability through this event, to see whether I can still work well.

Lin: Do you know Edu?

Li: Yes. I'm very much interested in the idea of your work. I think there should be more organizations like Edu. Isn't it wonderful to do things useful for the society when one has some money?

Lin: What kind of work do you wish to do? For example, we have administrative work, reception and language service.

Li: By language service, you mean an interpreter?

Lin: You might say that.

Li: Then, I can have a try. I passed the College English Test Band 6 when I was in university, and my TOFEL grade was over 600. Besides, I stayed in Australia for two years and have interpretation experience. You may find the information in my resume and I also have materials to prove them.

Lin: I've noticed. OK, your English can be put to use now. I may tell you right now, you are hired. If there are no changes, please check in at this office at 2:00 p.m. next Wednesday.

Li: Thank you.

Lin: By the way, if we both feel satisfied after the cooperation, would you be interested in the job offer of formal employee of Edu?

Li: That sounds great. But, I wonder what the requirements of Edu might be for formal employees.

Lin: To be brief, apart from basic academic credentials, age and work experience, Edu also requires its employees to be people of integrity, open and easy-going personality, team spirit and a sense of cooperation.

Li: Personally, these are all goals I pursue. OK, when the time comes, I will surely have a try to be recruited.

Lin: OK, we'll talk about it in the future. Bye.

EPISODE NINE Holding a Concert

Act One Visit to the Home of a Disabled Child

(Miss Lin accompanies Jenny to visit Xie Xiaomin's home)

Lin: Hello, Aunt Xie. We are from Edu. Your family has nurtured a talented young musician. So we come specially to visit you today.

Xie's Mom: Ah, you must be Miss Lin. Please come in. Just make yourself at home. And this is...

Lin: This is Jenny, Chief Administrator of Edu.

Jenny: Hello. Sorry to bother you.

Xie's Mom: Not at all. Please have a seat and have some tea. Xiaomin, show the guests to their seats.

Jenny: Thank you. So, this is Xiaomin. I heard you are a very talented child. I read the newspaper report, you won a lot of awards.

Xie's Mom: The newspaper report is full of excessive praise. Actually, Xiaomin is still young and he is very naughty.

Jenny: How did he practice the violin and when did he start?

Xie's Mom: Oh, it's a long story. When he was four years old, he went blind in an operation. In order to help him enjoy life in a way, we invited a private teacher to teach him the violin.

Jenny: It has been eight years since he started to play the violin when he was only six.

Xie's Mom: Yes. Indeed, it wasn't easy. Over the eight years, Xiaomin has been playing every day without fail. For the first two years, we had to urge him to do so. Later on, we didn't have to do that any longer. Actually, it was beyond our capacity because both his father and I have no ear for music, and we don't know anything about it. We can't help feeling dizzy looking at the notes and staff.

Jenny: Does the teacher come here to give lessons?

Xie's Mom: For the first few years, his father and I took him to the teacher's place because our home was too small. We would wait while he was having lesson. Considering our housing difficulty, the government allotted a bigger flat to us three years ago. Now our home is more spacious so we can invite the teacher over.

Jenny: Do you have to pay the teacher every time he comes?

Xie's Mom: We had to before. Ever since Xiaomin's story was on the newspaper, the music school has taken sole charge of his lessons. A music professor was assigned for him in the hope that Xiaomin would set a good example to the disabled children.

Jenny: Aunt Xie, we are greatly touched by his story. He has indeed set a good example to the disabled children in the world. Edu has specially bought a violin for Xiaomin. This violin is made by a disabled person. Although disabled physically, he has a strong will and now he is a world famous master maker of violin. We hope Xiaomin can practice even harder with the violin and become a great musician.

Xie's Mom: No, no! How can we accept such a valuable present?

Lin: Aunt Xie, please don't be so polite. Since we've already bought it, please take it.

Xie's Mom: Well then, thanks a lot. It's getting late. Let me cook some lunch for you.

Lin: No, thank you. It's time for us to leave. By the way, is Xiaomin ready for the concert next Saturday?

Xie's Mom: Yes. He has been practicing all day these few days.

Act Two Press Conference

Dule: Good evening, everyone. Welcome to today's press conference and thank you for your interest in this event. First of all, let me introduce Director Zhang from China Disabled Persons' Federation. The concert is co-sponsored by Edu and the art troupe under the Federation. On behalf of Edu and in my own name, I'd like to thank the art troupe for its fruitful work. Now, the floor is open for questions.

Reporter I: Mr Dule, could you please comment on the purpose of the concert?

Dule: There are two purposes, first is to inspire the whole society to care for and attach importance to the disabled children, and second is to promote and build up the awareness of self-respect and self-improvement among disabled children.

Reporter II: Mr Dule, I'm with the *Sun*. My question is what other activities is Edu planning apart from this one?

Dule: We plan to invite some world famous education institutions, including education organizations, education charity institutions and school representatives to visit China's Hope Project early next year. The purpose of the event is for the world to know more about the education situation in

China, in particular the specific practice and achievements of the Chinese government in solving the education-related problems of the families and areas that are poverty-stricken.

Reporter III: I have a question for Director Zhang. I heard that the event is not of a purely public welfare nature. It has an obvious commercial tinge instead. Does the rumor talk true?

Zhang: We will adopt some commercial methods for the event. The main purpose is not to make money but to provide better guarantee for the event. We all know that neither the Federation nor Edu is profit-making company. Without government budgeting, our fund is quite limited. Furthermore, it is for the entire society to care for the education of the disabled. We hope that this event can provide an opportunity for everyone and some companies to show their loving care.

Reporter III: How do you plan to handle the proceeds from the concert?

Zhang: Please allow me to quote a sentence by Mr Dule, "What is taken from China is to be used in the interests of China". The money will be used in future activities. If possible, we will continue to care for the education for the disabled children in China by organizing similar events in the future.

Reporter IV: Mr Dule, I heard that you had hired many temporary employees for the concert. Where do their salaries come from, Edu or the proceeds of the concert?

Dule: Good question. Here I'd like to take this opportunity to thank those people. Among them, only a minority needs salary. Most of the people made it clear that they would help us for free and they are volunteers. I'd also like to thank those who need the salary, because we can only afford low payment.

Reporter V: I have a question about your personal life. I heard that Mr Dule adopted several Chinese orphans. Is it true?

Dule: Please allow me to remain silent on this question. Both my wife and I believe that this is our privacy.

Reporter V: May I ask whether your wife approves your adopting Chinese orphans?

Dule: To be exact, it is my wife's idea in the first place.

Zhang: Sorry, due to time limit, we now conclude today's press conference. Thank you.

Act Three Collections of the Lines of the Host

Ladies and Gentlemen, good evening. Welcome to the Concert for Disabled Children in the World co-sponsored by the Art Troupe of the China Disabled Persons' Federation and Edu. Please allow me to introduce to you leaders and distinguished guests present today. We're pleased to have with us: Vice Chairman Gu Dao of China Disabled Persons' Federation, Director-General Mr Jackson of UNICEF, and principals of schools for the disabled from all over the world. We'd like to extend our welcome to them. (applause)

First, Jean Smith from USA will perform for us. Although blind, she has been practicing the piano for five years. She has attended numerous concerts and has given her solo concert in New York. She will play "Dedicated to Alice" by Beethoven.

Coming up next, we have Alfa from Egypt. Although regarded as a born mentally handicapped child and unable to receive normal schooling, he has an innate comprehension of music and a good sense of rhythm. Thanks to years of study, he is superb in playing drum set. Please welcome Alfa. (applause)

Xie Xiaomin comes from China. He started to play the violin at the age of six. He is now a widely known violinist in China. Although he lost his sight at the age of four, he is successful owing to his hard work and efforts. He not only wins people's respect, but also sets a good example to the disabled children in the world. He will play "Butterfly Lovers".

Next performer is Patricia from the UK. She will play the trumpet. Please welcome Patricia.

Let's give a warm applause once again to the wonderful performance of these young artists. Art will last forever and long live life. We wish that they would continue to overcome various difficulties in their life. We wish that all children in the world including those disabled would enjoy happiness, luck and joy forever. That concludes the concert. Thank you.

EPISODE TEN Leaving China

Act One Inviting Chinese Friends to Dinner

(Jack calls his Chinese friends in his office)

Jack: Hello, this is Jack speaking, Jack Lopez from Edu. May I speak to Professor Zhang?

Hello, Professor Zhang. Long time no see. Are you busy lately?

I'm fine. I'd like to let you know that I'm leaving China next Wednesday. I'd like to invite you and your wife to a dinner at my place to express my thanks to you for your support of my work over the past two years.

Oh, you're welcome. It's what I should do.

I wonder if you would be free on Saturday evening? Would 7:00 be OK for you?

I've already sent you the invitation, I think you'll get it in a day or two.

OK, deal.

Jack: (Dialing the phone)

Hello, is Director Wang in?

Hi, Director Wang. I called you several times, but you were not available. It seems that you are busy as usual.

Right, I call to let you know that my departure date is fixed, it's next Wednesday.

I'd like to invite some friends over to my place at 7:00 on Saturday evening to express my thanks to my Chinese friends for their support. I wonder if you'd be available?

I've already sent out the invitations, I believe you will get it soon.

(Jack greets the guests at his home)

Wang: Hello.

Jack: Ah, Mr Wang, welcome. It's your first time to my home. You're really a rare visitor.

Wang: Sorry I'm late. There's a heavy traffic jam out there.

Jack: Never mind. Let me take your coat.

Wang: Thanks. I bring you some tea. It's from my friend's hometown, newly picked this year. It tastes good. Have a try.

Jack: Thank you. OK, let me introduce you to each other, this is my Chinese teacher Mr Wang, this is Professor Zhang, and this is...

Professor Zhang: We know each other. Hello, Mr Wang.

Wang: Hello, Professor Zhang. We haven't seen each other for two years since we last met in Wuhan, have we?

Zhang: You're right.

(Over the dinner table)

Jack: Friends, you've given me great support over the past three years during my work in Beijing. I'm hosting this dinner today to express my thanks.

Director Wang: It's very kind of you. We should host a farewell dinner for you, but you invite us here instead. We are embarrassed.

Jack: Don't mention it. Let's raise our glasses for our friendship and cooperation, and for the good health of Professor Zhang, Mr Wang and Director Wang. Cheers!

Everyone: Cheers!

(Seeing off guests)

Professor Zhang: Jack, it's getting late. We've got to go. Thank you for inviting us.

Jack: I'll see you off downstairs.

Everyone: Please don't bother to see us out.

Jack: OK then. I'll not go any further. Take care.

Everyone: Please don't bother to come any further. Bye.

Act Two Purchasing Chinese Presents

Jack: Miss Lin, are you free tomorrow afternoon?

Lin: Tomorrow is Saturday, yes I'm free. What can I do for you?

Jack: I'd like to buy some Chinese souvenirs for my friends back in the US before I leave. I'd like to have some advice from you.

Lin: No problem. I'm glad to be at your service. What kinds of presents would you like to buy?

Jack: Things with Chinese features, of course. They should both represent Chinese culture and meanwhile be interesting.

Lin: In that case, I suggest we go to Liulichang. There are lots of shops selling Chinese culture-related goods.

Jack: OK, I'll drive to your home tomorrow to pick you up.

Lin: That won't be necessary. I'll wait for you in the office at 8:30 in the morning.

(In a shop at Liulichang)

Lin: Whom are the presents for?

Jack: My two younger sisters and my parents.

Lin: For your sisters, it would be better for you to buy sandalwood fan, or jade ornaments such as bracelet and brooch.

Jack: Good idea. This pair of jade stones is very nice.

Lin: It's not jade, it's stone, the famous Shoushan stone. It's even more expensive than ordinary jade.

Jack: Then I'll take it. I'd also like to buy two jewelry boxes. My younger sisters like to buy things like necklaces and rings very much. I'm sure they would be happy to get the beautiful jewelry boxes made of fine wood.

Lin: Of course. How old are your parents?

Jack: Over sixty.

Lin: In that case you can bring them a Chinese landscape painting. In China, we have many paintings for elderly people. They are of good taste. Look at this painting, a cat is chasing two butterflies. Cat and butterfly, in Chinese sound "màodié" and which is homophone of a word meaning people of a senior age. So this painting implies longevity. Now look at this painting with pine trees and cranes in it. Chinese people call this "song he yan nian". Pine trees and cranes are the symbol of longevity, so the painting also implies longevity.

Jack: OK, I'll take them both. (To saleswoman) Miss, I'd like to buy one red bracelet.

Lin: Oh? Do you have another younger sister?

Jack: Yes, a Chinese younger sister.

Lin: Chinese younger sister?

Jack: Yes, it's for you.

Lin: How can I accept such a valuable present?

Jack: Miss Lin, I thank you for your help from the bottom of my heart. Through these three years of working together, I feel that you are a very warm-hearted and sincere person. You are my true friend. I hope we can keep in touch with each other in the future.

Lin: Thanks a lot for your appreciation. It's such an honor for me to become your friend.

Act Three Saying Goodbye to Jack

(At a party in Mr. Dule's residence)

Dule: Good evening. Welcome to my place, everyone. We are holding this special cocktail party today to say goodbye to Jack who has been with us from morning till night. As the Deputy Representative and Project Officer of Edu in China, he has spent three years with us. Upon completion of his term, he has landed a better job. (Applause) Jack is a respectable and pleasant person. Working with him has been a happy experience full of laughter. I believe everyone would share my feelings through our cooperation over the past few years. Now, let's raise our glasses to Jack. We wish him a successful work and pleasant life in the future.

Everyone: Cheers!

Jack: Thanks. First, I'd like to thank everyone for your support and help over the past few years. Beijing is my second hometown. I believe I will often come back here to visit you. I wonder if you'd still welcome me when I come back?

Everyone: You're most welcome to come back.

Lin: Jack, please be sure to come back more often. You know Edu is your home. Do you still have anything yet to be done these days in Beijing?

Jack: They are all done. Thanks.

Dule: Jack booked the ticket for next Wednesday. Miss Lin and Lao Zhao will see you off at the airport.

Lin: OK, Jack, now please close your eyes. We will give you a present.

(Jack closes his eyes, Lao Zhao brings the present covered by a piece of red cloth)

Jack, now you may open your eyes. Take a guess, what is it?

Jack: I'm sure I can't guess what it is. (opens the cover anxiously) Is it porcelain?

Dule: Jack likes to collect chinaware, so we give him a porcelain statue of Lei Feng. Jack always finds it a pleasure to help others, he is a "living Lei Feng" of Edu. Everyone of us should learn from him.

Everyone: Learn from Jack! Serve the people!

Jack: Thank you. I'll be bound to work hard, take the Lei Feng spirit back to the US and carry it forward.

附录 2：练习参考答案

第一课　来到中国

(一) 词语练习

1.1 传真机/计算机（电脑）/电话机

1.2 小姐/先生/师傅

2. 鄙人：我　阁下：您(高级官员)　令慈：您的母亲　府上：您家　寒舍：我家　大作：您的文章

(二) 选择练习

1.1 辛苦了，路上顺利吧。　1.2 让你久等了。　1.3 对不起，我不能去机场接你。

2. 1 C　2.2 C，B　2.3 A

(三) 判断练习

1. 错　2. 对　3. 错　4. 对

(四) 将下列词语填入正确位置

1. C　2. C　3. C

(五) 语义判断

1. B　2. C　3. C

第二课　开展工作

(一) 选词填空

1. B　2. A　3. C　4. D　5. F　6. G　7. E

(二) 判断练习

1. 错　2. 错　3. 对　4. 对　5. 对　6. 对

(三) 选择练习

1.1 请留步　1.2 彼此彼此　1.3 谢谢　1.4 太好了　1.5 我一定去

2.1 C　2.2 C　2.3 B

第三课　请求指导

(一) 选词填空

1. B　2. E　3. A　4. F　5. H　6. C　7. D　8. G

(二) 判断练习

1. 错　2. 对　3. 错　4. 错

(三) 选择练习

1. 川菜—四川；淮菜—扬州；鲁菜—山东；粤菜—广东

2.1 D　2.2 C

第四课　筹办展览

(一) 选词填空

1. D　2. F　3. E　4. B　5. A　6. C

(二) 判断练习

1. 错　2. 错　3. 错　4. 错

第五课　会议发言

(一) 选词填空

1. B　2. E　3. D　4. A　5. G　6. C　7. F

(二) 判断练习

1. 错　2. 错　3. 对　4. 对　5. 错　6. 错　7. 错

(三) 语义语境判断

1. A　2. A　3. A　4. B

第六课　筹划接待

(一) 选词填空

1. E　2. A　3. C　4. F　5. B　6. D

(二) 判断练习

1. 错　2. 对　3. 对　4. 对　5. 错　6. 对　7. 对

(三) 选择练习

1.1 正书　1.2 行书　1.3 草书　1.4 隶书　1.5 篆书

2.1 老生　2.2 小生　2.3 武生　2.4 花旦或青衣　2.5 净　2.6 丑

3.1 有失远迎　3.2 恕不远送

3.3 我去机场接你 / 对不起，我不能去机场接你　3.4 请留步

第七课　接待考察团

(一) 选词填空

1. C　2. E　3. A　4. B　5. D

(二) 判断练习

1. 错　2. 对　3. 错　4. 错　5. 对

(三) 选择练习

1.1 哪里哪里/过奖过奖　1.2岂敢岂敢/哪里哪里　1.3 哪里哪里，我们做得很不够

2.1 C　2.2 B　2.3 C

第八课　筹办音乐会

(一) 选词填空

1. D　2. A　3. C　4. E　5. B　6. G　7. F　8. H

(二) 判断练习

1. 错　2. 错　3. 错　4. 对　5. 错

(三) 选择正确的答案

1. B　2. B　3. C　4. B

(四) 按照中国人的习惯重说下面的句子

1. 恕我直言，你的说法不太正确。
2. 我冒昧地问一下，你有几个孩子？
3. 我有一个问题，不知道该不该问？
4. 恕我直言，你秘书的话和事实有出入。

第九课　举办音乐会

(一) 选词填空

1. H　2. E　3. B　4. D　5. A　6. F　7. G　8. C

(二) 判断练习

1. 对　2. 错　3. 对　4. 错　5. 错　6. 对

(三) 句型学习与理解

1. A. 办事处出了一点问题，董事长特地来到北京解决问题。
   B. 今天是三八妇女节，他特地给他夫人买了一块金表。
   C. 听说他住院了，我们特地买了鲜花去医院看他。
2. A. 我只想学习听说，不想学习汉字，汉字很难，再说，我在中国只待一年。
   B. 对大家的计算机考试只考动手能力，不考理论，再说，计算机理论对大家的工作也没有什么用处。
   C. 我们不想请阿姨，也请不到会说英文的阿姨，再说，我们家的家务活儿也不多。

(四) 会话练习

1. 你真是太客气了！/何必这么客气呢？　2. 你真是太客气了。
3. 不要客气，我坐哪儿都可以。　4. 我怎么可以收这么贵重的礼物呢。

第十课　告别中国

(一) 选词填空

1. E　2. F　3. D　4. C　5. A　6. B

(二) 判断练习

1. 对　2. 错　3. 错　4. 错　5. 对　6. 错

(三) 划线搭配

1. 四十岁
2. 六十岁
3. 八十岁以上的老人
4. 少女的青春年华
5. 七十岁
6. 五十岁
7. 三十岁左右的男子

附录 3:

生词表

B

班门弄斧	bānmén-nòngfǔ	5
报价	bàojià	6
弊端	bìduān	5
拨款	bōkuǎn	9
播音设备	bōyīn shèbèi	4

C

菜谱	càipǔ	3
参谋	cānmóu	10
餐饮服务	cānyǐn fúwù	4
抽(出)时间	chōu (chū) shíjiān	8
出神入化	chūshén-rùhuà	9
出谋献策	chūmóu xiàncè	7
创意	chuàngyì	4
传真	chuánzhēn	1
纯粹	chúncuì	9
辍学	chuòxué	7
慈善机构	císhàn jīgòu	9

D

打印	dǎyìn	1
耽搁	dānge	1
导游	dǎoyóu	1
典雅	diǎnyǎ	4
电脑文本	diànnǎo wénběn	1
督促	dūcù	9

E

二胡	èrhú	6

F

发愤图强	fāfèn-túqiáng	9
翻天覆地	fāntiān-fùdì	7
非营利性	fēi yínglìxìng	8
吩咐	fēnfu	1
副代表	fù dàibiǎo	2
负责人	fùzérén	8

G

跟踪	gēnzōng	2
功成名就	gōngchéng-míngjiù	5
公害	gōnghài	3
工艺品	gōngyìpǐn	6

古筝	gǔzhēng	6
惯例	guànlì	4
光宗耀祖	guāngzōng-yàozǔ	5
贵宾	guìbīn	2
过敏	guòmǐn	3
过目	guòmù	8

H

航班	hángbān	1
行当	hángdang	6
喝彩	hècǎi	7
滑稽	huájī	7
欢迎……光临	huānyíng... guānglín	2
环节	huánjié	8

J

忌口	jìkǒu	3
技能	jìnéng	3
寄宿学校	jìsù xuéxiào	8
家庭主妇	jiātíng zhǔfù	8
家喻户晓	jiāyù-hùxiǎo	9
架子鼓	jiàzigǔ	9
间断	jiànduàn	9
饯行	jiànxíng	10
接风洗尘	jiēfēng xǐchén	7
介意	jièyì	3
酒量见长	jiǔliàng jiànzhǎng	3
九年义务教育	jiǔ nián yìwù jiàoyù	5
捐款	juānkuǎn	7
角色	juésè	7
爵士	juéshì	2

K

楷体	Kǎitǐ	4
考察	kǎochá	6
科教兴国	kējiào xīng guó	7
科举考试	kējǔ kǎoshì	5
可行	kěxíng	8
孔子	Kǒngzǐ	6
口技	kǒujì	6
跨国公司	kuàguó gōngsī	8

L

来而无往非礼也	lái ér wú wǎng fēi lǐ yě	7
雷锋	Léi Fēng	10
类似	lèisì	3
理念	lǐniàn	6
量力而行	liànglì'érxíng	7
(领导)有方	(lǐngdǎo) yǒufāng	7
另有高就	lìng yǒu gāojiù	10
留步	liúbù	2
履行	lǚxíng	8

M

买单 mǎidān 3
慢走 mànzǒu 10
耄耋之年 màodié zhī nián 10
冒昧 màomèi 8
媒体 méitǐ 8
免得 miǎnde 5
民间 mínjiān 2
名不虚传 míng bù xū chuán 6
明快 míngkuài 4
名胜古迹 míngshèng-gǔjì 1

N

拟 nǐ 8
挪用 nuóyòng 7

P

配置 pèizhì 4
琵琶 pípa 6
品位 pǐnwèi 6
评估 pínggū 5
平面图 píngmiàntú 4
普及 pǔjí 5

Q

亲自 qīnzì 1
遒劲有力 qiújìng yǒulì 6
求知欲 qiúzhīyù 5
确认 quèrèn 1

R

让座 ràngzuò 9
任期已满 rènqī yǐ mǎn 10
日益（激烈） rìyì (jīliè) 5
荣华富贵 rónghuá-fùguì 5

S

赏光 shǎngguāng 2
设施 shèshī 7
申报 shēnbào 3
生旦净末丑 shēng dàn jìng mò chǒu 7
使命感 shǐmìnggǎn 5
使用者手册 shǐyòngzhě shǒucè 4
市场销售部 shìchǎng xiāoshòubù 4
事务 shìwù 8
首饰盒 shǒushìhé 10
手镯 shǒuzhuó 10
寿山石 Shòushānshí 10
说来话长 shuō lái huà cháng 9
私塾 sīshú 4
松鹤延年 sōnghèyánnián 10
宋体 Sòngtǐ 4
送行 sòngxíng 10

责任编辑：任　蕾
英文编辑：韩芙芸
封面设计：胡　湖
印刷监制：佟汉冬

图书在版编目（CIP）数据

实用公务汉语：汉英对照／姜春力主编；胡鸿编著. —北京：华语教学出版社，2008
ISBN 978-7-80200-407-8

I. 实… Ⅱ. ① 姜… ② 胡… Ⅲ. 汉语—对外汉语教学—教材 Ⅳ.H195.4

中国版本图书馆 CIP 数据核字（2008）第 111105 号

实用公务汉语
姜春力 主编
*

华语教学出版社出版
（中国北京百万庄大街 24 号　邮政编码 100037）
电话：(86)10-68320585
传真：(86)10-68326333
网址：www.sinolingua.com.cn
电子信箱：fxb@ sinolingua.com.cn
外文印刷厂印刷
中国国际图书贸易总公司海外发行
（中国北京车公庄西路 35 号）
北京邮政信箱第 399 号　邮政编码 100044
新华书店国内发行
2009 年（16 开）第一版
（汉英）
ISBN 978-7-80200-407-8
9-CE-3887P
定价：69.00 元